ペットと暮らす

共生のかたち

吉田眞澄

人文書院

都市の公園は、人も犬も交友を深める場所

（ドイツ、ミュンヘンの英国庭園にて）

この３女性はそれぞれ別の老人ホームで生活しているが、毎週日曜日に散歩の途中にこの場所で会い、小１時間会話を楽しむという。ドイツの老人ホームでは、犬と共に生活できるところが少なくない。

ロンドンの散歩風景−糞処理用の袋を持つ飼い主と愛犬

（イギリス、ロンドンのケンジントン庭園付近の街路にて）

ロンドンの高級住宅街ケンジントン地区の集合住宅に住むヘレン・ラードさんの朝の日課は、愛犬ベンとケンジントン庭園を散歩することである。ケンジントン庭園で引き綱を外してもらい、ベンは生き生きと飛び跳ねていた。

うらやましいほど広い商店街の歩道

（ドイツ、ミュンヘンのグルメショップ「ダルマイヤー」前）

ミュンヘンの商店街は歩行者天国でないところでも、このように幅の広い歩道が道路の両側にある。ただ、この女性は、いかに広い歩道でもマナー違反で、もっと引き綱を短くしなければならない。うしろの犬は、「ダルマイヤー」で買物をする飼い主を待っている。食料品店には犬を連れては入らないのである。

ペットに開かれた社会の象徴・地下鉄駅構内の風景

（ドイツ、ミュンヘンのマーリエン広場駅構内にて）

なにごとにも動じず飼い主の指示に従うドイツの犬であるが、エスカレーターは大のにが手のようで、多くの犬は、エスカレーターの前までくると立ちすくんでしまう。その結果、写真のような状態になってしまうのである。

デパート売場の飼い主と犬

（ドイツ、ミュンヘンのデパート「カウフホーフ」にて）

ドイツのデパートすべてが犬と同伴することを認めているわけではないが、このデパートでは、犬との同伴を認め、結構好評であるし、特にこれといった問題は生じていないという。

大きな木が猫達の住居

（イタリア、ローマの古代遺跡近くの木の上）

ローマでは、「猫の集まるレストランはおいしいレストラン」と言われるほど猫が多い。ガッターラという日本の猫オバサンのような人達が、地域の猫達の世話をしている。

猫のいるドイツの一般家庭の風景

（ドイツ、ミュンヘン郊外イスマニングにて）

ミュンヘン大学教授ブルーノ・リンメルスパッハー氏夫妻は共に仕事を持つ夫婦で、家をあけることが多い。このような家族にとっては、共同生活を基本にする犬と生活するのは必ずしも適当ではないとの理由で、夫妻は猫との生活を選んだ。このような家族が増えた結果、ドイツでも、他のヨーロッパの国と同じように猫の数が犬を上回るようになった。

片ときも離れることのない老人と犬

（ドイツ、ミュンヘンのオデオン広場にて）

ドイツも核家族化が進み、一人暮らしの老人は多い。そのような老人にとって、犬は唯一の心のささえであり、心を開いて話せる友であり伴侶なのである。そのようなこともあって、ドイツの老人ホームでは、愛犬や愛猫との同居を認めるところが少なくない。

ペットと暮らす◆目次

ペットと暮らす

——共生のかたち

序章　人による動物支配の構図と変化

人による動物支配の構図

人は、動物を含め外界の物資を消費し利用することにより、生命を維持し、便利で豊かな生活を享受してきた。人のそのような立場からすると、利用できるものはなんでも利用するに越したことはないし、利用方法についても、対象物に対して権利を有する者が、その意思に基づき、生殺与奪を含めてなんの制限もなく、自由に利用できるのが望ましい。そのことは動物にも妥当し、宗教や生活習慣との関係などから多少の例外はあるものの、基本的に動物も物の一類型として、人の自由で絶対的な支配の対象にされてきた。

近代社会においては、それが一層明確にされる。現在も多くの国で採用されている近代自由主義国家の法律は、相互に平等であるべき人が他の人を絶対的・隷属的に支配することこそ認めないが、基本的・原則的になんの制限も受けずに、権利の客体である物を自由に支配できる「所有権」を認め、そのうえで、人以外の有体物（固体、液体、気体）のすべてを、絶対的支配の対象にすることを承認している。

そのような近代自由主義国家の法律の基本構造との関係上、有体物ではあるが人でない動物は、物として人の絶対的支配の対象になる。その結果、宗教や生活習慣との関係などから若干の例外はあるにせよ、動物はすべて、所有者の思うままに利用され、また、自由に売買の対象にされ、所有者の考え次第ではその命さえ奪うことができる。そのような法律の下では、動物の命に対する配慮がされず、生きている犬も、犬のぬいぐるみも、犬をイメージして創作された電子ペット・ロボット犬の「アイボ」も、所有者の絶対的支配の客体としての物とされる点で、法律上の性質は異ならない。

だが、多くの人がそれに対して非常に強い違和感を持っている。そのような違和感を払拭するため、オーストリアやドイツでは、「動物は物ではない」という法律の規定が設けられたが、違和感を完全に払拭できたかどうか疑わしい。動物と動物以外の物との間に一線が画されはしても、人でも物でもない動物が法的にどのような性質を有しているかが必ずしも明確でない以上、いくら「動物は物ではない」といったところで、所詮は絵にかいた餅に過ぎないのである。

このように、動物に対し、人の自由で絶対的な支配を貫徹しようとすれば、往往にして、支配の対象である動物の命を奪い、動物に対し大きな苦痛を与える。そのことに対し、多くの人は、同じ動物として、死に対する恐怖心や心身の苦痛を理解できるだけに、罪悪感や嫌悪感を持つ。しかし、人にとって有用な行為に対し罪悪感や嫌悪感を持つのは好ましくないので、その感情を除去し軽減するために、人は、さまざまな方策を講じるのである。まず、科学や思想を都合よく利用して、人と人以外の動物との共通性には焦点を当てず、両者の差異を殊更に強調して、動物を可能なかぎり人から遠い位置におき、関連性を弱める。そうすることで罪悪感や嫌悪感を除去・軽減し、そのうえで、動物の命を奪い苦痛を与えるのは、人にとって必要不可欠の営みであるからやむをえない、と自らを納得させるのである。

ただ、そのような方法は、一般論としてある程度の効果はあっても、実際に動物の命を奪い、動物に苦痛を与える場面に直面すると、それをする者に対しても、それを見る者に対しても、必ずしも有効な効果を持つわけではない。そこで、より効果的な方法として、宗教上の行事や宗教儀式、生活慣習上の行事や儀式を用いて、罪悪感や嫌悪感を麻痺させ軽減しようとする。個々人が意識し認識しようとしまいと、それらの儀式や行事には、そのような効果があるのである。

もっとも、それらの儀式や行事も、すべての人に対し十分な効果を発揮するものではなく、結局、罪悪感や嫌悪感をすべての人から完全に払拭することはできないのである。それどころか、後に触れるような諸事情との関係で、増幅することさえある。

動物支配の特殊性の認識と配慮

人、動物、それぞれの研究が進むにつれ、人と動物の同一性や類似性が明らかにされるとともに、動物が、人と共通性の少ない遠い存在から、共通性の多い近い存在へと急速に接近してきた。また、科学の進歩・発展につれ、科学的合理性が尊重され、宗教・生活慣習上の儀式や行事のうち科学的合理性にそぐわないものは、人に対する影響力を急速に低下させてきた。

そのような流れの中で、人と動物の関係が、自然科学、人文科学、社会科学という枠組を超えた総合科学という視点から再点検され、両者の複雑かつ多様な関係がつぎつぎと明らかにされてきている。たとえば、動物を他の物と区別せずに人の絶対的支配の対象にする方法こそ人に対して最も大きな利益をもたらす、というこれまでの基本的な考え方が、必ずしも妥当しないことが明らかにされてきた。また、必要不可欠と言いながら、実際には必要以上に動物の命を奪い、また、他に方法があるにもかかわらず安易に動物に苦痛を与え、それぞれの動物にふさわしい処遇がされていないことや、さらには、動物の命を必要以上に奪わないこと、動物に無用の苦痛を与えないこと、動物を適切に処遇する方が人にとってむしろ利益の多いことなどが明らかにされてきたのである。

勿論、人と動物の関係は、利益・便益の対象動物（産業動物＝畜産動物、使役動物）、家庭動物＝愛玩動物＝ペット＝コンパニオン・アニマル、野性動物といった類型ごとに多くの差異があり、一律に扱えないところは少なくないが、それぞれの異同も視野におさめたうえ、最近の学問的成果を総合し、人と動物の新たな関係を構築しなければならない。それこそが、動物を対象とする学問の最終目標なのである。

ところで、わが国では、近時の動物をめぐるさまざまな状況の変化の中、産業動物の重要性が低下するとともに、犬や猫を中心とするペットの数が増え続け、飼い主との関係で人生の伴侶や家族の一員という重要な位置を占めるに至り、ペットが大きくクローズアップされている。それに伴って、つぎつぎと新たなペットを対象とする産業が生れるとともに、獣医療なども、産業動物からペットにシフトしてきている。

しかし、社会全体についていえば、ペットはいまだ社会の一員とは考えられておらず、一員として受入れられてもいないのである。ペットの受入れが進んでいる欧米に比べ、日本社会はペットに対し閉鎖的な社会であるといえる。そして、その状況は、二〇〇〇年一二月に施行された動物愛護管理法の基本原則の一つとして、「人と動物の共生」への配慮が定められた後も、あまり変化していない。その原因はどのようなところに存在するのであろうか。

ペットの問題は、人の生活のすべてにかかわると言っても過言でないほど多岐にわたるものであって、閉鎖性の原因を一つに絞りこむのは困難であるが、あえて絞りこむとすれば、わが国の保守性、異常なまでの清潔癖、必要以上の社会防衛指向をあげることができよう。したがって、基本的かつ大きな問題であるが、人とペットのよりよき共生のあり方を考える場合にも、それら日本社会の特性に対してどのように応接するかが、非常に重要な課題になっているのである。

第一章　現代社会とペット

一　ペットブームの光と陰

ペットの現状

ペットブームが続き、数が増え続けた結果、現在のわが国では、推計で約一〇〇〇万頭の犬と、約八〇〇万頭の猫がペットとして飼われている。実際には、一世帯で複数のペットが飼われていることもあるので、数字は多少変ってこようが、単純に計算すると、約二・五世帯に一世帯の割合で犬か猫が飼われているという非常に大きな数字である。

これは、ペットの代表ともいえる犬と猫だけの数字で、うさぎ、リス、ハムスター等の小動物、インコや文鳥などの鳥類、ワニや亀などの爬虫類、金魚や熱帯魚など魚類……を含めると、数はさらに増加する。しかも、エキゾチックアニマル・ブームに象徴されるように、より珍しい動物をペットとして求める傾向も見られ、単に数の増加だけでなく、種類も急速に多様化してきている。

ときには、絶滅のおそれのある野生動植物の種の国際取引に関する条約（ワシントン条約）や、絶滅のおそれのある野性動植物の種の保存に関する法律（種の保存法）で国際取引・国内取引が禁止されている稀少動物が、ペットショップで売買され、ペットとして飼育されているという異常な状態さえ存するのである。マスメディアで大きく報じられた大阪・梅田のペットショップの事件は氷山の一角に過ぎないのであり、わが国は、野生動物の密輸大国なのである。

ペットの多様化を考えるとき、今一つ考慮しなければならないのは電子ペットである。「たまごっち」に始まり、犬のアイボや猫の「たま」等の人気商品を生み出し、やや下火になりつつあるとはいえ現在も続いている電子ペットブームは何なのであろう。電子ペットを求める人の考えは多様で、一概には言えないが、一部に、ペットを求めるのと共通の要素があることは否定できない。その点については、後に詳しく触れたい。

ペットの数の増加や種類の多様化とともに、飼い主とペットの関係にも大きな変化が見られる。これまでペットは、文字通りのペット＝愛玩動物、つまり、玩具や骨董品と同様、所有者である飼い主が一方的に愛玩の対象にするものととらえられてきたのであるが、現在では、コンパニオン・アニマル、つまり、人と心の通い合う仲間という理解が進みつつある。多くの飼い主にとって、ペットは最も信頼のおける人生の伴侶であり、かけがえのない家族の一員なのである。

このように、ペットからコンパニオン・アニマルへ、という流れがはっきりと見られるものの、飼い主自身によるペットに対する虐待、ペットの遺棄も少なくない。少なくないというよりも、驚くほど多いというのが実態である。ドメスティック・バイオレンスにも比肩できるペットに対する家庭内虐待も、ペットの遺棄も、その性質上、表面化しにくく、他人からは実態の把握が難しいだけなのである。

また、酒鬼薔薇事件などと呼ばれている神戸の連続少年少女殺傷事件で、犯人とされた少年が、人に対する凶行に及ぶ前、繰返し猫を虐待していたことが判明して以来、動物虐待と凶悪犯罪の関係が注目されているが、動物虐待の中でも特に惨《むご》いものが頻発している。マスメディアに取り上げられる動物虐待はごく一部で、実際の数はそれよりもはるかに多いのである。

一方で、人生の伴侶や家族の一員として、この上もなく大切にされているペット、他方で、あまりにも多いペットの家庭内虐待やペットの遺棄、さらには、信じられないような

散歩の途中，犬も飼い主もくつろぐ風景
（イギリス，ロンドンのケンジントン庭園にて）

欧米ではごく一般的な日常風景であるが，このような生活にあこがれて犬を飼いはじめた人は少なくないはずである。しかし，わが国には，見るための公園，庭園は多いが，それぞれが思い思いに利用できるところは少ない。都市生活者の日常生活で不足しがちなものを補うため，必要不可欠な社会資本である。

動物虐待、そのいずれもが、現代の社会に深く根を張る諸現象と密接に結びつくものであることは疑う余地がない。ペットに関する現在の問題は、とりも直さず人間そのものの問題なのである。

多くの飼い主とその家族にとって大切な存在になっているペットではあるが、社会は、それにどう対応しているのであろうか。

少なくともこれまでのわが国は、先進国の中では類例を見ないほどペットに対して閉鎖的であった。分譲集合住宅（分譲マンション）や賃貸住宅の多くは、ペット飼育を禁止しているし、老人ホームなどほとんどの施設も、ペット飼育を認めていない。また、公共の建造物や公園も、ペットの立入りを認めていないところが多い。さらに、電車やバスなどの公共交通機関、ホテルやレストラン、デパート、スーパーマーケット、遊園地やテーマパークといった多数の顧客が利用する施設の多くも、基本的にペットの同伴を認めていない。ペットに対する社会の閉鎖性は枚挙にいとまがないのである。

それとともに、欧米先進諸国に比べ、ペット用の社会資本整備も遅れている。ニューヨークをはじめアメリカの大都市に設けられている、ドッグランという、犬を思い切り走らせたり遊ばせることのできる施設も、わが国ではほとんど見られないし、ロンドンの公園などでよく見かける犬の糞専用のポスト状ゴミ箱も、わが国には皆無である。また、パリ市街の随所に見られる、歩道と車道の段差を利用したキャニゼットという水洗の路上ゴミ清掃設備もなければ、同じくパリの住宅街である一三区で試験的に進められている、車道の端や歩道の端に設けられたカニカナンやトゥロットカナンと呼ばれる犬専用の公衆トイレもない。フランスでは、路上でした犬の糞の始末をしない飼い主に対し、刑法六三二条により最高で三〇〇フランの罰金が科せられるが、パリ市の場合、キャニゼットや、犬専用の公衆トイレでしたときには、糞の始末をしなくても罰金は免除される。

パリ市では、それら以外にも、路上の犬の糞の吸引機を備えたバイクを走らせているし、独自に考案した糞の始末用の道具を清掃員に持たせて糞の処理をしたり、街のところどころに犬の糞の始末をするためのビニール袋までも置いているのである。勿論、必要があれば、犬の飼い主は、それを無料で使用することができる。それらのいずれもが、わが国には全く見られない。

考えてみれば、ペットのための社会資本整備がされていないのは、わが国の場合、当然といえば当然である。たかがペットの問題と考える人は少なくないのであり、多くの人の視野にペットのための社会資本整備など全く入っていない。また、ペットのための社会資本整備はおろか、巨額の財政を投入している割には社会資本全般にわたり整備が遅れているうえ、社会資本整備の視点にも大きな差異が見られる。その典型例が道路である。

欧米の都市では、かなり狭い道路でも、市街地であれば車道よりも高くした適切な幅の歩道が設けられているが、わが国の場合には、歩道と車道が白線で区別されていればよい方で、その区別さえされていない道路が少なくない。それだけでなく、そのような狭い道路の至るところに電柱が林立し、自動販売機や立看板が置かれ、多くの自転車が放置されている。他方で、広い道路では、人通りに比べ不必要なほどの広い歩道が設けられているところもあり、両者のアンバランスと整合性のなさが浮彫りになっている。最近、観光地などで景観との関係から電線の地中化が進められ、話題になっているが、電線の地中化でなによりも大切なのは、人の生命や身体の安全性に配慮した安全で快適な道づくりという視点である。

現在の道路は、子供、高齢者、歩行や移動に補助の手だてを必要とする障害者など、社会的弱者にとって危険や障害が大きいだけでなく、引き綱をつけて歩いているペットとその飼い主にとっても同様の問題がある。このような道路の問題はほんの一例である。本当は、社会資本の多くについて、人のため、ペットのためという区別はつけ難く、あまり意

車椅子の老人と愛犬
（ドイツ，ミュンヘンの地下鉄マーリエン広場駅にて）

車椅子の老人と愛犬は散歩帰りであるが，わが国でもこのようなペアは増加するはずである。わが国では，このようなペアが安心して散歩を楽しめる道路もなければ，公園もない。生活大国とは名ばかりで，実態はまったくない。

味を持たない。つまりペットの問題は、単にペットだけの問題でなく、多くは人の問題なのである。

考えてみれば、もともと、ペットの目線は、高齢者、子供、障害者など社会的弱者の目線に近い。ペットに危険な道路は、高齢者、子供、障害者にとっても危険であり、ペットに利用し難い施設は、それらの人にとっても利用し難いのである。ペットにとって閉鎖的な社会は社会的弱者にとっても閉鎖的であり、ペットの住み難い都市は、それらの人にとっても住み難い都市なのである。現在の社会のしくみの中では人間に一〇〇％依存しなければ生きていけないペットは、社会的には極めて弱い存在であり、ペットに対する配慮や対処のなさは、社会的弱者に対する姿勢の象徴と見ることもできる。ペットに関する問題を考えるとき、背景にそのような問題が存在することを常に念頭に置かなければならないのである。

急速に数が増え、飼い主やその家族にとってかけがえのない存在になってきたペット。飼い主の側に生じているそのような変化に対し、これといった対応ができないままの社会。もし、両者のこのような状態がこのまま続けば、ペットについて飼い主と社会の乖離現象がさらに進み、既に生じている問題を一層大きくさせることだろう。人と動物の共生への配慮を基本原則としてうたう動物愛護管理法が制定され施行された今こそ、動物の中でも最も人の身近にいるペットとの共生について、あらゆる角度から検討を加え、ペットを飼っている人と飼っていない人、ペットの好きな人と嫌いな人など、どのような人にとっても納得できる、新たな共生のしくみを構築しなければならないのである。

変化の兆し

二〇〇〇年六月に実施された総理府の動物愛護に関する世論調査によると、ペットの好き嫌いについては、「好き」が前回一九九〇年五月の調査に比べ四・三ポイント増加して六八・〇%、「嫌い」が三・九ポイント減少して二九・〇%と、「好き」が「嫌い」に二倍以上の水をあけた。また、集合住宅でペットを飼うことの可否についても、「基本的に飼育を認めてよい」とする者が、前回調査に比べて一六・五ポイントと大きく増加して五九・八%になり、「基本的に飼育を認めるべきでない」とする者が多数を占めた前回調査と順位が入れ替るなど、ペットをめぐる社会状況の変化を如実に反映したものになっている。四〇～四九歳に比べて三〇～三九歳の人たちのペット好きの比率がほんの少し低いという例外を除き、若い世代ほどペット好きの比率が高いという調査結果から考え、今後もペット好きが増えるという見通しに疑問をはさむ者は誰もいないだろう。

このような状況の中で、ペットに対して閉鎖的であったわが国にも、ようやく変化の兆しが見られるようになってきた。たとえば、ここ数年、ペットに対応する様々な設備を設け、ペット飼育をしている人に限り入居を認めるペット専用マンションや、入居者をペット飼育者に限定はしないが、ペットの飼育を認めるペット飼育可のマンションや賃貸住宅も徐々に増加している。集合住宅は、東京二三区で全住宅の七〇％を超すなど、現在の大都市圏で大きな割合を占める住宅様式であり、そこでペットの飼育を禁止するのは、大都市で生活する者から実質的にペットを取上げるのに等しいと言っても過言ではない。

もともと、自然破壊を繰返しながら成長を遂げた大都市では、自然の緑や野性の動物があまりにも不足しているので、全体的な都市計画として、残された自然環境の保全に努めるとともに、人工的にそれを再構築しなければならないのであるが、これまでのところ作業はあまり進んでいない。そのような状況の中で、都市生活者が、ペットと共に生活することを欲し、ガーデニングを趣味にするのは、当然すぎるほど当然である。もし、そのような大都市から事実上ペットを排除すれば、人間が生活するうえで非常に大切なものをなくし、精神的バランスを失することになりかねないのである。

欧米の大都市の都市計画の中で、自然を残したり、人工的に森や林を創造し、また、社会が広くペットを受入れているのは、このようなことに配慮したものである。問題の解決には、都市計画全体の再検討が必要であり、現在のわが国の状況からすると、そう簡単にできるものではないが、そのような中で、ペット飼育を認める集合住宅が増加傾向にあるのは、変化の兆しとして肯定的に評価できる。

それ以外にも、ペットの同伴を認めるホテル・ペンション・旅館、レストラン・喫茶店、タクシーなども、速度は非常に緩やかであるが、徐々に増加してきている。また、ニューヨークなどに見られるドッグランの施設も、ごくわずかではあるが見られるようになってきた。それらはいずれも、現在のところまだ少数であったり、例外的、実験的域を出るものでなく、わが国の社会でそれらが完全に定着するまでにはかなりの時間が必要であるが、ペットをめぐるその他の事情を考慮すると、今後、それらが徐々に定着していくことはほぼ間違いない。その流れを止め、方向を変える可能性があるとすれば、ペットが十分にしつけられず、また、飼い主のマナーが悪いため、他人に損害を与えたり迷惑をかけるような事態が多発する場合である。

ペットブームの功罪

ペットブームは今も続いている。ブームとは、普通、物や事象が急速に広がり、社会的に注目を集めているにもかかわらず、日常生活の中に完全に定着した状態にまでは至っておらず、また、社会全体としてはそれを受入れる態勢が十分に整っていない不安定な状態をいうのであるが、ブームがさらに進み、社会に完全に定着するにせよ、そうならないで終焉するにせよ、延々と続くことは少ない。その点で、ペットブームが二〇年以上も続き、落着き先が見えないのは、異常といえば異常である。

これは、ペットを受入れるための社会システムの整備がいかに難しいものであるかを物語っている。そして、ペットをめぐる個別の問題について、変化の兆しが見られるにもかかわらず、急速に進展しないのも、同じ原因に由来するのである。ペットの好きな人と嫌いな人、飼っている人と飼っていない人、両者の狭間に立ち、なにもできず、また、なにもしようとしない行政、そのような基本構図が変わることなく続いてきたのであり、現在もその状況は異ならない。行政への依存体質から脱却するのでなければ、ブームという不安定で異常な状況も収まらず、ブームの光の部分だけでなく、陰の部分をも成長させる。

ペットが、人生の伴侶や家族の一員として、飼い主とその家族にとって大切な存在になってきたのに比例して、豊かで潤いのある生活の象徴として、また、家族の強い絆の象徴として、ペットがコマーシャルも含めマスメディアに頻繁に登場するようになった。それがペットの有する重要な一面であることは否定できないし、マスメディアの取上げ方を特に批判するつもりはないが、ペットが持つ他の一面、つまり、ペットは基本的に飼い主やその家族の助けなしには生きていけないという当然過ぎる事実が、ともすれば見落とされがちで、それが安易で無知な飼い主を生み、ペットの家庭内虐待や遺棄の大きな原因になっている点にも注目しなければならないのである。

しかも、現在では、ペットは人間以上のスピードで高齢化が進んでおり、一五歳（人間に置換えると八〇歳から九〇歳）まで生きる犬や猫も少なくない。それに伴って、ペットの成人病や寝たきりの老ペットも増加してきており、飼い主や家族の負担もそれだけ大きなものになっている。そのようなことを視野に入れ、また、家族構成や住宅事情をも十分考慮したうえ、飼う飼わない、飼うとしてどのような種類にするかを決めなければならないのである。特に、犬の場合には、子犬のときはそんなに違わないが、成長するにつれて種類による差が大きくなるので、あらかじめ特徴を知っておく必要がある。

ペット産業の動向

ペット産業の動向にも注意しなければならない。ペットの数が増加し、種類も多様化し、ペットが大切な存在になればなる程、ペット産業が拡大するのは当然の成行きであり、今ではペット産業は、一兆円産業の仲間入りを果たすところにまで成長したとも言われている。その内容も、ペットショップやペットフードなど、従来からある産業が成長し続けているだけでなく、新たなペット関連産業がつぎつぎに登場している。ペット産業は、裸の自由主義と表現してよいほど規制の少ない分野であるため、この分野への参入希望者は自由に参入できるとともに、参入後も、創意、工夫、努力次第で、自己責任の原則に則り、自由に活動することができる。規制のない状態は、自由主義の基本形であり、一般論としては規制緩和を含め肯定的に評価されるべきであろうが、動物愛護や適正取引といった視点から、特に、ペットショップについては規制がされてしかるべきである。

一九九九年一二月に公布され、二〇〇〇年一二月に施行された「動物の愛護及び管理に

ペットショップの店内

(フランス，パリ・セーヌ右岸のペットショップ街にて)

フランスでもペットショップに対しては，ペットの待遇，あまりにも月齢の小さいペットの販売等を中心に批判は強い。ただ，日本と比較すれば，条件はそんなに悪くはなさそうである。飼い主になろうと思う人は，ペットショップに行くまえに十分な勉強と心の準備をしなければならない。

関する法律」では、これまでペットショップに対して法律上なんの規制もなかったのを改め、届出制を基本にしつつ、勧告、命令、罰金の賦課、立入調査などを行えるようになっているが、規制としてはあまり強いものではない。現在のペットショップの姿勢やペットショップをめぐるトラブルの実情などを考慮すると、もう少し強くて効果的な規制がされてもよいであろう。そうしなければ、ペットショップをめぐる疑念やトラブルなど陰の部分を解消することは難しいのである。

ただ、ペットショップに対する規制の効果をあげるのは、現実の問題としてはそう容易ではないようで、わが国以上に厳しい法律上の規制を設けている欧米諸国でも、期待通りに十分な効果はあげられていない。そのようなペット先進国の実情をふまえ、法律に実効性を持たせるにはどのような規制がよいかを慎重に検討し、「動物の愛護及び管理に関する法律」の施行から五年後の見直しに向けて、今から備えなければならない。

新たなペット関連産業がつぎつぎと登場していると述べたが、その傾向は特に、ペット用品とペット関連サービスの分野で顕著に見られる。とくにペット関連サービスは、性質上、実際に行われるサービスの内容が見えにくく、把握しにくいものであるうえ、契約書がなかったり、あっても不十分なものが多いため、トラブルが生じ易い。そのようなところで、もし飼い主が事前に期待したようなサービスが受けられなかったり、期待したような成果や結果が得られないとすれば、裁判にまで発展するかどうかは別にして、トラブルが生じない方が不思議である。ペット関連サービスの事業主体の多くが、個人ないし零細な組織であるところからすると、なにか大きな損害を伴うトラブルが発生すれば、それに対して十分な対応ができるかどうか、現在のままでは疑問なしとしない。

損害賠償に必要な金銭的問題は、損害が予想を超えて拡大するような場合は別にして、賠償責任保険によってある程度対応することが可能なので、それを利用するとして、契約によるサービス内容の明確化や適正性確保については、ペットの医療保険のように、他のペット関連サービス事業に比べて規模の大きなものも含め、最低限度の要請として、契約の内容を文書化すべきである。マスメディアなどでは、ペット関連サービス事業について、興味本位にとりあげたり、新たな事業に対して肯定的に紹介されたりしているが、先に指摘したような課題に対して適切な取組みがされないまま数だけが増加すれば、これに関してもトラブルが増加し、ペットとその飼い主が食いものにされるという、ペットブームの陰の部分が一層増大することになる。

ペット関連産業は、ほとんどの分野が小規模事業主体によって支えられている。小規模事業主体すべての姿勢がよくないというわけではないが、どうしても日常的業務中心になりがちで、人材の不足や片寄りがあるため、業務にかかわる根本的問題が先送りされ、業務全体の問題点の点検と対応という視点が不足しがちになることは否めない。

その中で、例外的に事業主体の規模が大きく、整備された体制を有しているのは、ペットフードとペットを含めた動物医薬の分野である。したがって、ペット関連産業界の中で、ペット産業全体の健全化と、人とペットの共生のための条件整備に強い指導力と影響力を発揮できるのはこの二つの分野である。そのうち、動物医療の分野については、動物医薬専門ないし中心の事業主体が少ないうえ、そのようなところは事業主体の規模は小さいので、業界全体の中での地位も発言力もそれほど大きなものではない。また、事業主体が大きなところは、動物医薬の比率が極端に低いので、ペットの問題にあまり熱心でなく、発言も少ない。それゆえ、事業規模の大小にかかわらず、動物医薬の分野には、ペット関連産業全体をリードしようという姿勢はあまり見られないのである。

ペットフード産業の現状

それに対し、ペットフードの分野は事情が大きく異なる。ペット産業の範囲拡大とともに、若干変化してきてはいるが、もともとペットフード産業の市場規模は、ペット関連産業全体の五〇％近くに上るとも言われるように、動物医薬とは比較にならないほど市場規模が大きい。したがって、ペットフードの事業主体は、専門の事業主体でも、大企業や大規模企業グループに属する場合でも、動物医薬専門の事業主体に比べて規模が大きく、独立性が強く、対内的にも対外的にも比較的大きな発言力を持ち、ペット問題への関心が高く、問題への取組みも熱心である。

ペットフード事業主体の個々の姿勢は、業界全体に影響し、業界としても重要な事業が行われている。その柱は、ペットフード公正取引協議会という、事業主体の大多数が参加する業界による、原材料や添加物の表示を中心とする自主規制である。

動物医薬を含め医薬品に対しては規制が強いのに対し、ペットフードに対しては、法律上これといった規制もない。牛や豚など食用産業動物の場合には、動物の餌料は動物の体内残留を通じて人の健康に非常に大きな影響があるのに対し、食用に供されることのないペットの場合には、ペットの餌によって人の健康に影響が出ることはなく、規制の必要はないと考えられてきた。それを前提にして、ペットフード産業の業界団体＝ペットフード工業会を母体とするペットフード公正取引協議会が、原材料や添加物を含めペットフードの表示について一定の自主規制を行っている。ペット関連産業の業界団体がこのような自主規制を行っている例は極めて珍しく、業界全体の姿勢の表れとして、それなりに評価をしてよいであろう。

しかし、その自主規制は、あくまでもペットフードの表示に関するものに限定されており、食品の安全性を含めてペットの健康管理という視点からすると、まだ十分ではない。もともと自主規制は、第三者機関の行う規制に比べて甘くなりがちである。ペットの重要性がまし、またペットフードへの依存度がこれまで以上に高まる中、個別のペットフードメーカーや、ペットフード工業会という業界団体に求められ期待される倫理の水準が高くなるのは当然の成行きである。それを考慮すると、現在の対応ではまだ不十分である。

加えて、正確に言うと、任意加盟団体なので、ペットフードの事業主体の中にも加盟していないところもあり、業界全体とはいえないが、それでも、主要な事業主体はおおむね

ペット用品とペットフードだけが並べられたペットショップ
（ドイツ，ミュンヘンのペットショップのショーウィンドウ）

ミュンヘンのヴィクトゥアリエン市場横のペットショップでは，ペット用品とペットフードに加え，奥まったところにほんの少し小動物がいるだけで，犬や猫は，少なくともそれらを買いたい顧客以外には目のとどかないところに置かれている。ペットの待遇と衝動買いをさけるためである。ヨーロッパのペットショップに対する規制は、わが国に比べかなり厳しい。

加盟している。加盟していない事業主体をいかに加盟させるかが、今後の課題である。それができなければ、自主規制は方向転換を余儀なくされよう。

新製品の開発競争が続き、全般的に種類が驚くほど多様化するとともに、健康増進型ペットフード、生活習慣病や成人病対応型ペットフード、体臭・排泄物の消臭型ペットフードなど、つぎつぎに普及しつつある。その現状をふまえると、これらは薬事法第二条一項で定められている「医薬品」に該当する可能性があり、そうなると、これまでの原材料や添加物などペットフードの表示に関する自主規制だけでは対応できなくなるはずである。原材料のより正確な表示、使用の詳細な説明と具体的な効用、副作用の可能性なども関係し、使用上の注意を含め表示の方法や表示の内容について、消費者である飼い主に理解し易くするための抜本的な見直しが必要であるとともに、飼い主の相談や苦情に迅速かつ適切に対応できるシステムの整備も重要な課題である。「医薬品」となると、薬事法関連法規への対応が必要なことは言うまでもない。

現在のところ、これらへの対応は十分とはいえない。まず、足元の地固めをしなければならないが、それとともに、ペット関連産業の中核として、また、リーダーとして、ペット産業全体の発展と健全化を進めるうえでのリーダーシップを発揮し、大きな役割を果たすることが期待されているのである。ペットフードメーカーの中には、そのようなことを強く意識し、長期的な企業戦略に基づき、ペットの地位の向上と、人とペットの共生のための社会システム整備こそが、ペット関連産業全体とペットフード産業の健全な発展に必要不可欠な条件であるとして、その条件整備に積極的に取組んでいるところもあるが、まだまだ少数である。個々のペットフードメーカーや業界団体が社会的使命をどのように認識し、どのように社会の期待に応えるかは、ペット関連産業全体の健全かつ持続的な発展にとって、また、ブームという不安定な状態から脱却し、人とペットがベストの状態で共生できる安定した社会システムの構築にとって、非常に重要な課題なのである。

それとともに、ペットフードメーカーや業界団体が、ペット関連の他の産業、獣医師会、動物愛護団体、行政、その他ペットの問題解決のための責務を負っている諸組織とどのように連携するかも、大きな課題である。

行政・獣医師会・動物愛護団体

人とペットがよりよく共生できる成熟社会形成のため、より大きな役割を果たさなければならないのは、行政、獣医師会、動物愛護団体である。しかし、残念なことに、これまでさまざまな事情から、それぞれが期待されるような役割を果たしきれないまま今日に至っている。積極的なペット行政を行うには、法律上の根拠、予算、人的資源のいずれもが不足している行政。獣医師の資格を有する者全員の強制加入でないうえ、さまざまな事情から内部の意思統一が容易でないため、全体としての力を削がれ、ペット関連産業の中核として全体をまとめるだけの力量を持てない獣医師会。小規模な団体が多く、人、金、物のいずれの点からも事実上大幅に活動が制限されている動物愛護団体。これが、ペットにかかわりのある主要機関の今日に至るまでの一般的状況であった。

新しい動物愛護管理法は、それまでの動物保護管理法と異なり、ペットを中心に動物について積極行政を求めるとともに、動物愛護推進員や動物愛護協議会との関係で獣医師会や動物愛護団体に対しても、これまでとは違った役割と活動の場を提示し、変化のきっかけを与えている。それぞれが、個別にその役割を果たすことも大切であるが、それとともに、行政、獣医師会、動物愛護団体、さらにはペット関連産業も共通の目標を有しているのであり、問題ごとに協力の相手や形を変えながら協力しあうことは可能であり、また、社会の期待に応えるためにはそのような協力が不可欠になっているのである。

飼い主のしつけとマナー

今一つの重要な課題は、いかにして適正なペットのしつけをし、飼い主自身のマナーの向上をはかるかである。ペットが文字通りの愛玩動物ではなく、心の通いあうコンパニオン・アニマル、つまり、人生の伴侶や家族の一員として大切な存在になっているのであるが、飼い主とその家族、さらに社会は、ペットをよく理解し、適切に接しているであろうか。ただ、かわいい、かわいいと猫可愛がりするのみで、ペットについての知識も理解も不足しがちであり、それに加え、急速に改善されつつあるとはいえ、ペットに対するしつけも、飼い主自身のマナーも、まだまだ十分とはいえない状況にある。

そして、なによりも不足しているのは、ペットが社会の一員であるという認識である。飼い主とその家族が、ペットを知り、理解し、愛情を持ってペットに接し、その知識や理解を生かして適切に世話と手入れをするとともに、愛情を上滑りさせるのでなく、ペットが社会の一員として立派に生活できるようにきちんとしたしつけをし、飼い主自身のマナーを向上させなければならないのである。

飼い主がそれだけのことをすれば、ペットを社会が受入れるについての不安は解消され、わが国の社会も広く門戸を開くはずである。今、それが求められている。人の一番身近にいるペットに対して、社会が門戸を開くのでなければ、動物愛護管理法が目標としている「人と動物の共生」など望むべくもないからである。

飼い主にとって、もう一つの重要な課題は、ペットや社会との関係でよい飼い主になるだけでなく、いかに賢い飼い主になるかである。ペットブームの長期化とともに、ペットをめぐる状況も大きく様がわりしてきている。種類が多種多様になり、家族の一員としてどの種を選ぶかということ自体、非常に大きな問題である。加えて、ペットフードも多種多様になり、獣医療も、高度化とともに選択の幅を広げている。ペットを対象にしたサービス産業も拡大の一途をたどっている。飼い主にとって、便利にはなってきたが、それらについての研究を怠り、利用方法を間違えれば、これまで比較的単純であった社会システムの中では見られなかった難しい事態を招くことにもなりかねない。

他方で、社会の側にも検討しなければならない課題はある。かつて、わが国では、ペットは怖いもの、汚いものと考える人が少なくなかった。外飼いの番犬や野良猫などで怖い思いをしたり嫌な思いをした経験に基づくのであろうが、今では、内飼いの小型愛玩犬が

ホテルのロビーの犬
（ドイツ，ベルリンのインターコンチネンタルホテルにて）

クリントン元大統領も定宿にしていたこのホテルでも，バーとレストラン以外は犬の同伴が認められている。エレベーターの中で出会ったが，非常に良くしつけられていた。

多くなり、野良猫についても、それなりに世話をする人が増えたため、そのような見方はかなり弱まってきている。しかし、先の総理府の世論調査を見ても、そのような見方が払拭されているようには思えない。それとともに、人獣共通の感染症ないし人畜共通の感染症に対する不安や、ペットに起因するアレルギーへの心配など、比較的新しく注目されるようになった問題もある。

それらについては、最新の研究成果を可能なかぎり正確かつ平易に伝達し、あわせて、それらに対する予防策や対応策を示すなど、正しい理解を広め、情報不足や誤解に基づく無用の不安や心配を除去する努力が必要である。そして、それらに対する対処の方法を十分に考慮したうえ、飼っている人と飼っていない人、好きな人と嫌いな人のいずれもが納得できる、人とペットの共生のための社会システムや社会資本の整備を進めなければならない。

二　ペットブームの背景

ペットの側の事情

ペットブームの背景の一つに、ペットの種類の多様化と、かわいい、小さい、おとなしい、育てやすい、人とコミュニケーションがとりやすいといった、ペットとしての適性をより多く備えたものへの品種改良という、ペットの側の状況の変化がある。そのことは、小型愛玩犬と猫の増加が、ペット全体の数の増加に寄与しているという事実によって裏付けられる。ただ、欧米諸国では、かなりの国で猫の数が犬の数を上まわるようになったのに対し、わが国では、猫の数の増加の速度が遅く、犬の数が猫の数よりはるかに多い状態が続いているのは、特異といえば特異である。

ところで、わが国は、欧米諸国に比べ住宅事情が悪い。住宅事情が悪い場所でのペット飼育は、さまざまな問題が増幅し、問題に適切に対処するには、飼い主に対してそれ相応の工夫と努力が求められる。ペットによる迷惑や損害には、鳴き声、糞尿や食べ物の不始末による悪臭・不衛生、飛毛がその典型例としてあげられるが、いずれも、住宅事情の良し悪しが被害や迷惑の有無・大小に大きな影響を及ぼすのである。また、外飼いと内飼いでは、被害や迷惑の状況は大きく異なり、被害や迷惑をかける可能性の少ない内飼いが、住宅事情の悪い地域を中心に多くなるのは自然の成行きである。そして、内飼いとなると、相応の場所の必要な大型犬や中型犬は敬遠されがちで、小型愛玩犬や猫が飼育されることになる。小型愛玩犬や猫が増加しているのは、そのような事情によるものであり、それはそれとして理にかなっているのである。

このように見ていくと、現在のペットブームを支えている主役が、小型愛玩犬、猫、内飼いに適した小動物であるのも理解できる。そして、それらの小型ペットの種類の多様化によって、新たなペット飼育者層を増大させている。これらの状況は意外に見落されがちであるが、単なる個人の好みの変化でないことは明白で、わが国の住宅事情の悪さ、都市部における生活環境の悪さ、独居者によるペット飼育の増加など、都市生活者のかかえる問題とペットの変化とは、密接に結び付いているのである。

「たまごっち」に始まった電子ペットブーム、その中でも犬をイメージして作られた「アイボ」と、猫をイメージして作られた「たま」は、都市生活者にとって飼育しやすいペットの究極の姿と見れなくはない。電子ペットが空前のブームになった背景には、技術の最先端のロボットと「癒し」の性格の強いペットが結び付けられた意外性や新鮮さとともに、都市生活者の欲する飼育しやすいペット像を適確にとらえ、上手く対応したことがある。逆に言えば、都市でペットを飼育するには、それだけ大きな負担を覚悟しなければならないのである。

ブームがブームを呼ぶ

既に紹介した二〇〇〇年六月実施の総理府の世論調査によると、ペットを飼育している人は三六・七%、それらペットを飼育している人のうち犬を飼育している人は六三・八%、猫を飼育している人は二八・一%である。他方、ペットの好きな人は六八・〇%であるから、六八・〇%から三六・七%を引いた三一・三%が、潜在的なペット飼育予備軍と見れるであろう。その全部が予備軍ということにはならないのかも知れないが、それにしても非常に大きな数字である。

そのような状況を背景にして、テレビを中心に多くのマスメディアは、連日、さまざまな形でペットをとりあげている。それも、生活の豊かさやゆとりの象徴として、あるいは、家族の絆の強さの象徴としてとりあげられることが多く、ペットの問題点やペット飼育の実態は十分には伝えられていない。思慮をめぐらせれば、それらの事情は当然のこととして理解できるが、子供の場合、かわいいとなれば後のことを考えないで安易に飼ってしまう。ペットを飼育し始めた動機の中で、子供にせがまれたからというのが比較的高い割合を占めるのは、そのような事情による。だが、子供は熱しやすく冷めやすいのも事実で、はじめは、飼ってほしい一心で、自分がペットの世話をするなどと約束するが、そのうちに約束を守らなくなり、親の負担になってくる。

欧米でも、誕生日やクリスマスのプレゼントとしてペットが贈られるようなこともあるが、それについての問題点は早くから指摘されてきた。最初は喜ばれ、それなりに世話もするが、そのうちに飼いきれなくなり遺棄する比率が、他の場合に比べて高いのである。イギリスで、一定年齢以下の子供に対してペットを販売することが禁止されているのも、子供についてそのような事情があることを考慮したものなのである。

年ごとに変わる動物愛護団体のマスコット
（ドイツ，ベルリンのランクヴィッツ動物保護施設）

絶滅の危機など，その年に特に話題になった動物がマスコットに選ばれている。このマスコットを販売して動物愛護の必要性を訴えるとともに，団体の資金の一部にあてる。広大な施設，60名の職員の給料その他団体の活動を支える活動資金はかなりの額にのぼるが，その資金源の50％は遺産，20～30％は寄付金，10％は約２万人の会費，10％はマスコットの販売その他，収益事業の収益である。税制の違いもあるが，資金獲得に努力のあとが見られる。

さらにいうと、一般論としても、わが国の少なからぬ人が、流行・ブームに敏感で、さしたる考えもないまま流行を追う傾向が見られる。その対象が服やバッグといった命のない物であればともかく、命もあれば心身の痛みも感じ、喜びも悲しみもわかる動物となれば、事情は全く異なるのである。流行・ブームを追ってはみたが、それが自分に合わないことがわかったときには既に手後れで、結局、飼い続けるのもいや、手放すのもいやという悲惨な状況が待受けているのである。飼い主にとっては、自業自得というべきであるが、ペットの側からすると、飼い主を選ぶことはできないのであるから、迷惑この上ない話である。このような状況を考えると、マスメディアがペットをとりあげる際の報道のし方については、十分に注意する必要がある。

人の側の事情

ペットブームの背景として、ペットの側のさまざまな変化や、ブームがブームを呼ぶといった状況があることは否定できないが、それ以上に注目すべきは、人の側にある諸事情の変化である。人以外のところでどのような変化があるにせよ、結局、それを受入れるかどうかは、飼い主になろうとする者の判断にかかっているのであり、受入れの判断があってはじめて人とペットの関係が生れるのである。

ペットは、産業動物とは異なり、飼い主にとって経済的に直接資するところはないので、人がペットを飼育するについては、それを可能にする、経済を中心にした生活上の条件を充足する必要がある。一例をあげると、わが国の場合、食料事情や住宅事情が極端に悪化した第二次世界大戦＝太平洋戦争の戦中戦後の一時期、ペットの数が激減した。また、ドイツの犬税は、出発の段階で奢侈税的要素が含まれていたと言われるが、国民の多数の経済状態がペットを飼育できるような余裕のなかった時代には、ペットの飼育に奢侈の要素があったことは否定できないのである。その後の経済発展とともに、ドイツの犬税は徐々にその性質を変じ、現在では、奢侈的要素はほぼ完全に形骸化してしまっているし、わが国の場合も、戦中戦後とは状況が一変し、ごく普通の家庭でペットが飼われ、奢侈的要素は特にない。

そのような流れからもわかるように、個人差はあるが、経済状態を中心に、生活上の諸条件がペット飼育の可能・不可能を決める基礎的条件になっているのは確かである。現状では、その条件はほとんど意味を持たなくなっているが、一応認識しておく必要があろう。

わが国は、一九五〇年代後半には戦後の復興を達成し、その後は、「奇跡の経済復興」と呼ばれるドイツの戦後復興を想起させる、驚異的な経済発展を遂げたのであるが、それとともに、ペットの数も増加の一途を辿ってきた。つまり、ペットを飼育するについて、経済面を中心にした生活上の条件が一応充足され、その後、テレビ普及期に、犬が主役の人気テレビ番組が登場し、それに触発されて始まったペットブームが、ペットの種類やブームの程度にさまざまな変化はあったものの、現在に至るまで基本的に続いているのである。ただ、そのような現象の内部にあって注目すべきは、当初、テレビを通じて目の当りにした、欧米の生活や文化への憧れといった外部からの働きかけが主要な原因となって生じたペットブームが、徐々に変化し、外部からの作用とは関係なく、わが国の多くの人がかかえる内部の要因でペットを求める人が急増し、現在もそれが続いていることである。現在のペットブームを論ずる場合、現代社会において多くの人が抱える内部要因を除外するわけにはいかないのである。

内部の要因の中で最も重要かつ基本的なものは、経済構造の変革に伴う人間関係の変化・複雑化から派生してきた問題である。

わが国では、明治維新以降現在に至るまで、一貫して農業中心の経済から他の産業への転換が進められてきたが、その傾向は戦後更に顕著になり、民族の大移動といっても過言でないほど、首都圏を中心に人口の都市集中が進んだのである。農業中心の社会にあっては、人々は比較的大きな家族を構成し、経済活動の基盤となる土地を中心に、一か所に定住して生活を営むことを基本にしているが、経済構造の変化とともに人口は流動化し、小家族化、核家族化の傾向を強めた。また、個人の尊厳と平等を掲げる戦後民主主義を背景に、権限と財産を家長に集中させることによって大家族を維持してきた明治時代以来の法律制度を変革し、旧来の制度の中核をなしてきた家長制度を廃止して、個人を家から解放するとともに、長男だけに相続させる方法を改め、配偶者とすべての子に相続させる共同相続を原則化することによって、財産の分散を進め、事実上進みつつあった小家族化、核家族化を制度的に後押ししてきた。

人口の流動化とともに、長期にわたり維持されてきた地域コミュニティーと、それを基盤にして成立っていた各種の人間関係も崩壊し、その後の人間関係は、非常に希薄かつ複雑で不安定なものになった。家族についても、それまで家長によって束ねられてきた家族や家族関係も崩壊し、それにかわる家族関係がしっかりと構築されないまま、夫婦、親子、兄弟姉妹の家族関係が、複雑で不安定かつ流動的なものになった。また、職場での労働の変化もある。

そのような状況の中で、人間関係に悩み、疲れ、新たな人間関係構築に向かわず、そこから逃避する人が増加したとしても不思議ではない。わが国では、世界のどの国も経験したことのないほどのスピードで、小家族化、核家族化、少子高齢化が進んだため、人間関係を学習するうえで非常に重要な乳幼少期に、両親や兄弟姉妹を中心とする家族内での学習が困難かつ不十分になっている。このことに加え、地域コミュニティーの崩壊により、幼少期にそこでの人間関係の学習が困難になっていることも指摘できる。家族や社会のこのような変化が、適切な人間関係の構築を難しくしている状況に拍車をかけているのである。

適切な人間関係をどのように構築するかは、基本的に個人の判断によって自由に決めるべき問題である。しかし、個人的努力によって全ての問題が解決できるといった性質のものではない。家族、地域、低年齢層の教育施設などが連携するのでなければ、解決策は出てこないはずである。

いずれにせよ、人間関係にかかわる問題の解決は、家族や社会構造にかかわる場合を含め、それ自体を解決する以外に方法はないのである。しかし、実際には、代替措置がとられたり、逃げ道が求められることも少なくないのであり、ペットも、一部そのような役割

散歩がてらの買物
（ドイツ，ミュンヘンのヴィクトゥアリエン市場にて）

このように散歩，買物，食事，なんでも一度にしてしまえるのは飼い主にとってとても便利であり，また，犬にとっても，今日は忙しいからと散歩がおあずけにならないのが良い。

を担っている。代替措置や逃げ道は、生活の知恵の要素があり、人により場合によって、有用なものである。その位置や役割を正しく把握し、その利用方法を誤らず、人間関係をめぐる問題を根本的に解決する努力を怠らないのであれば、それをすべて否定するのは適当でない。

現在のペットブームの背景に、人間関係の複雑化、不安定化、流動化、さらには希薄化から生じる心神の疲労の癒やし効果があることは否定できないとして、他方で、ペットとの関係をどのように構築するかも、重要な課題になりつつある。近時、ペットを、心の通いあう仲間、人生のパートナーや家族の一員と考える人が急速に増加してきている。人間関係構築の難しさから逃避し、ペットとの共同生活に希望を求めた人からすると、それで心神が癒されるのであれば好ましいことである。

ただ、人間関係を適切に構築できない人が、ペットとの関係ならば上手くいくかどうか、疑問なしとしない。少なからぬ人が、ペットとの共同生活に過度にのめり込んでいるのではなかろうか。その反動から、ペットが死んだときに強度の精神的ショックを受け、深刻な場合には自殺にまで至る「ペットロス」が生じたり、他にも種々の問題が生じる。それについては後の章で触れたい。

第二章　飼い主の責務

一　飼い主に対する社会の眼

既に紹介した二〇〇〇年六月実施の「動物愛護に関する世論調査」によると、ペット飼育の問題点として、五八・二％の人が「最後まで飼わない人がいる」を、五五・五％の人が「捨てられる犬やねこが多い」を、三〇・六％の人が「他人のペットの飼育により迷惑がかかる」を、二二・七％の人が「ペットの習性などを知らないで飼っている人がいる」を、一九・〇％の人が「飼育の環境が整っていない」を、一四・八％の人が「ペットの虐待と思われる事例がある」をあげている。

いずれの項目についても、戸建て住宅の居住者より集合住宅の居住者の方が、また、ペットを飼っている人よりも飼っていない人の方が、問題に対し厳しい目を向けている。

問題点の一つである「他人のペットの飼育により迷惑がかかる」の具体例として、五八・一％の人が「散歩している犬のふんの放置など飼い主のマナーが悪い」を、四〇・

九％の人が「ねこがやって来てふん尿をしていく」を、三六・一％の人が「鳴き声がうるさい」を、三〇・九％の人が「犬の放し飼い」を、二一・八％の人が「悪臭がする」を、一六・九％の人が「咬まれるなどの危害を加えられるおそれがある」を、一三・七％の人が「寄生虫や人畜共通感染症が移される心配がある」をあげている。

こちらの調査項目については、ペットを飼っている人よりも飼っていない人の方が、問題に対し厳しい目を向けているという点は、先の調査項目の結果と異ならないが、戸建て住宅の居住者と集合住宅の居住者の間では、全体的にはそれほど顕著な差は見られない。いずれにしても、それらの調査結果は、細部についてはともかく、おおむねこれまでマスメディアで報道されてきた内容に添うもので、予想の範囲内として誰もが大筋で首肯できる結果である。そのような内容の調査結果であるから、それ自体が「社会の眼」の役割を果たしているのである。

世論調査という「社会の眼」から見て、今、「ペット飼育の問題点」との関係で飼い主に求められるのは、次のような配慮である。すなわち、「飼育の環境が整っていない」との批判に対応するため、住宅事情や家族構成など飼育環境が整っているかどうかをしっかりと点検したうえ、飼う飼わないや、飼う場合のペットの種類を考える、「ペットの習性などを知らないで飼っている人がいる」との批判に対応するため、飼うと決めればそのペットの飼い方を、習性などを含めよく勉強する、「最後まで飼わない人がいる」や「捨てられる犬やねこが多い」との批判に対応するため、ペットを飼いはじめた以上は愛情を持って終生大切に飼い続ける、「ペットの虐待と思われる事例がある」との批判に対応するため、ペットに優しく接し、給餌や給水はいうに及ばず、ペットが心身ともに健康で安全に暮せるように生活全般にわたり世話を怠らない、「他人のペットの飼育により迷惑がかかる」との批判に対応するため、ペットのしつけや訓練をきちんとしたうえ、近隣の迷惑にならないように、日常の世話や手入れとともに、人畜共通感染症をも考慮した健康管理を怠らない、といったように、飼いはじめる前からペットの死まで、飼い主に求められることは少なくないのである。しかも、ここしばらく、ペットの寿命は急速に延びてきたので、そのような状態が、ペットを飼いはじめてから死に至るまで、一五年以上は続くものと考えておいた方がよいのである。

また、「ペット飼育による迷惑」との関係で飼い主に求められているのは、「咬まれるなどの危害を加えられるおそれがある」や「犬の放し飼い」との批判に対応するため、咬みつき事故やその不安をなくし、ペットのしつけや訓練をしっかりしたうえ、飼い主自身も

戸建住宅が中心の住宅地

（ドイツ，ミュンヘンの英国庭園近くの住宅地にて）

ミュンヘンのやや高級な住宅地。このようなところでさえ十分な幅の歩道が道路の両側に確保されている。ヨーロッパで最も自動車産業が盛んで，アウトバーンに目が向きがちなドイツの道路であるが，市街地の街路では，このような配慮がされている。そして，これだけ家も敷地も広いところでさえ，ペットが原因で近隣に問題が生じることもある。

ペットの放し飼いや、散歩の途中で引き綱を外すことなどのないようしっかりとペットを管理する、「寄生虫や人畜共通感染症が移される心配がある」や「悪臭がする」との批判に対応するため、寄生虫や人畜共通感染症対策を含め、日常的な健康管理に努めるとともに、食事や糞尿処理などの衛生や生活環境を良好な状態に保つよう注意する、「散歩している犬のふんの放置など飼い主のマナーが悪い」との批判に対応するため、散歩の際には引き綱の長さなど他人に迷惑のかからないように注意するとともに、糞尿をさせる場所に注意し、糞については必ずその場で始末する、「ねこがやって来てふん尿をしていく」との批判に対応するため、猫の単独散歩はさせないなど、こちらもかなり盛りだくさんのことが飼い主に求められているのである。

しかし、寄生虫や人畜共通感染症への対策以外は、今では飼い主の責務として常識化しており、日々のちょっとした注意や努力、飼い主の気構え次第で、すぐにでも大幅に改善できる。それによって、飼い主とペットの社会的な立場が大きく高まるのである。

寄生虫や人畜共通感染症については、一般的な飼い主を念頭に置けば、まだまだ情報が不足しているうえ、伝わっている情報が必ずしも正確ではないので、これについては、行政と獣医師会などが協力し、第一段階としては、可能な限り正確でわかりやすい情報を飼い主に提供する必要がある。それとともに、第二段階としては、ペットを飼っていない人にとっても必要な情報を、可能な限り正確かつわかりやすく伝え、情報不足や誤解から生じるいわれのない不安を除去する必要がある。わが国のペットの健康と社会衛生に関する行政の姿勢は、相変らず昭和三〇年代の前半に撲滅したと考えられている狂犬病の予防中心であり、現実を無視したあまりにも的外れのものになっている。寄生虫や人畜共通感染症についての現状を正確に把握したうえ、ペットの健康と社会衛生に関する政策を抜本的に見直さなければならない。

わが国において、今後、犬を中心にペットに開かれた社会を実現させるとなると、これまで以上に人とペット、ペットとペットの交流や接触の機会が増えるのは当然であり、そのこととの関係で、ペットのしつけや飼い主のマナーの向上とともに、寄生虫や人畜共通感染症に対していかに有効な対策をたてるかが、ペット行政の一つの重要な柱になってくるのである。

現在、わが国には、真菌性、原虫性、寄生虫性、ウイルス性、細菌性のものをあわせると、二〇ないし三〇種類の感染症が存在すると考えられており、それらの感染症のうち六〇%から七〇%が、犬や猫も感染しているとの研究成果が発表されている。人と犬だけの感染症の場合には、野犬や野良犬が特に都市部で減少しているので、実態を把握して対策をたてれば、それなりに効果を発揮するものと思われるが、それでも、現状では、過半数の犬が登録もされていないということであるから、そのような飼い主をも含め飼い主の自覚と協力が必要不可欠である。

猫の場合には、特定の飼い主がいない野良猫や地域猫と呼ばれるものがいるので、実態を把握して対策をたてても、そこがネックになってあまり大きな効果を期待することはできない。野良猫や地域猫など飼い主のいない猫の不妊・去勢手術の徹底など、それらの猫の数を減らす対策を合わせて、有効な対策を講じる必要がある。

そして、それ以上に大きな問題は、エキゾチック・アニマルと呼称される珍しい動物にかかわる人畜共通感染症である。エキゾチック・アニマルブームといわれるほど、この種の動物をペットとして飼育する人が増加し、種類も一層多様化してきているが、その割に、この分野についての人畜共通感染症についての研究は進んでいない。この種の動物については、野性動物が十分な検査もされないまま密輸されることさえ少なくないので、問題は深刻である。密輸され、密かに飼育されるとなると、実態の把握は難しく、対策を講じるのは非常に困難である。個々の飼い主が、人畜共通感染症の恐しさを十分認識し、それに

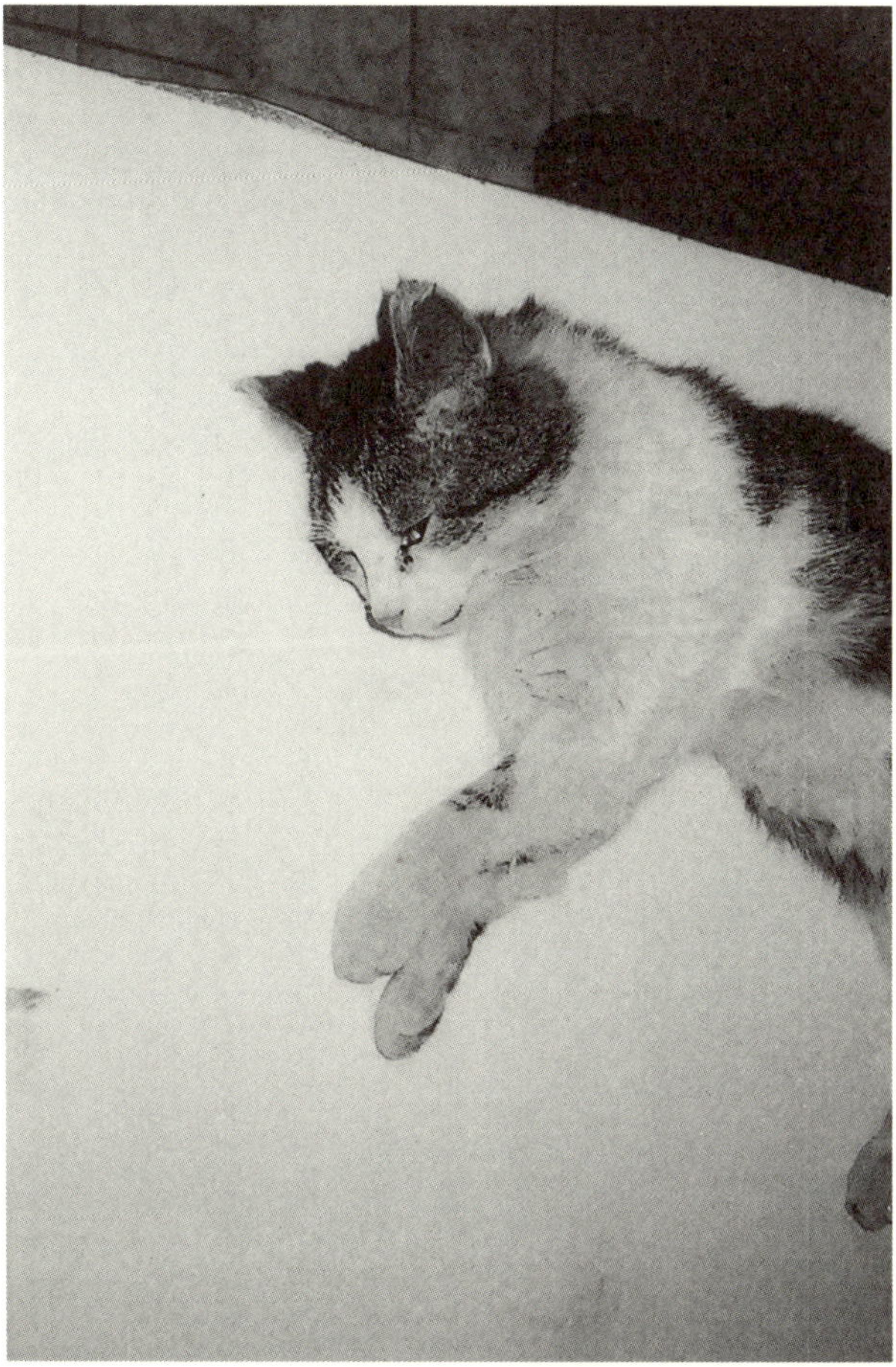

不妊手術を受けた野良猫
（ドイツ，ベルリンのランクヴィッツ動物保護施設にて）

ランクヴィッツ動物保護施設では，動物を施設内に保護するほか，不妊手術をしたうえ，耳にグリーンの布を張りつけ，社会に復帰させる方法もとっている。不幸な猫を増やさないためである。残念なことだが、ベルリンにもそのような猫は少なくない。

をあえて飼おうとはしないはずだからである。

対して飼い主として自覚をもって対応してくれることを望みたいが、実際には、ほとんど望むべくもない。分別のある飼い主であれば、もともと、危険をおかしてそのような動物をあえて飼おうとはしないはずだからである。

飼い主個人に多くを期待できないとなると、あとは法的ないし社会的にどのような規制を設けるかである。法定規制では、ペットショップに対する規制、飼い主に対する規制が考えられるが、問題の重要性からすると、規制違反に対しては高額の罰金を科す必要があろう。また、社会的な規制の方法としては、集合住宅の管理規約やペット細則で飼育可能なペットの種類を限定し、エキゾチック・アニマルを排除することや、動物病院で初診の際に患獣がかかりうる人畜共通感染症に関するすべての検査をするなどの方法が考えられるが、いずれの方法も、効果の有無は社会への定着度によって決まるので、人畜共通感染症に対し社会が厳しい批判の目を向けることが重要である。

ちなみに、前述の世論調査では、外国産の野性動物をペットとして飼育することの可否についても調査がされている。それによると、「どのような事情があろうとも、ペットとして飼うべきでない」とする人が約半数の四九・二%、「もしそれができなければ飼うべきではないが、規制により問題のないものに限定すれば飼ってもよい」とする人が二八・

九%、両者を加えると実に七八・一%の人が、外国産の野性動物をペットとして飼育することに対し、厳しい目を向けている。それに対し、「個人の責任で自由に飼ってもよい」と考える人は一四・五%に過ぎず、全体としてはこの問題に対する社会の眼は極めて厳しいというべきである。

このようにみてくると、重要な課題は人畜共通感染症対策であることがわかるが、もう一つの課題はペットのしつけ・訓練である。

二　ベルリンの犬の学校＝犬のしつけ教室

ドイツシェパードやダックスフントなど世界的に有名な犬の種の郷里であるドイツは、犬王国のイメージが強い。実際にドイツに行くと、どこに行っても犬を見かける。犬が社会の一員として社会進出を果たし、しっかりと根を張っているのである。

しかし、犬の数は、実際には意外に少なく、二〇〇〇年一〇月にドイツ食糧農林省が出した動物愛護に関する小冊子によると、ドイツで家庭動物として飼われている犬の数は約四八〇万頭、ドイツペットフード工業会の推計でも約五一〇万頭に過ぎない。この数を基準にして人口との比率でわが国に置換えると、それぞれ七四五万頭と七九〇万頭になり、わが国の犬の実数に比べ二割ないし三割少ない数字である。

人口四〇〇万人に近付きつつある首都ベルリンでも、犬の数は推計で約一五万頭に過ぎず、全国平均と比較してもかなり少ない数である。住宅事情が必ずしもよくないことに加え、ドイツ特有の犬税が、一頭目二四〇ドイツマルク、二頭目以上は三六〇ドイツマルクと、他の地域に比べ高いことも影響しているのであろう。いずれの数字を見ても、数のうえではドイツは、必ずしも犬王国とはいえないのである。

他方、ヨーロッパでは、「子供と犬のしつけはドイツ人にまかせろ」といわれるほど、ドイツ人の犬のしつけには定評があり、そのあたりに犬王国ドイツの真骨頂があるのかも知れない。もっとも、子供のしつけも犬のしつけも、以前に比べ格段に悪くなったと嘆く年配のドイツ人は少なくない。確かに、そのようなところがなくはないが、それでも、子供のしつけも犬のしつけも、わが国と比べ非常に大きな差があることは否定のしようがないのである。そのようなところから、ドイツの犬のしつけには少なからぬ興味があった。

推計で一五万頭の犬がいるベルリンには、約五〇ほどの犬の学校（Hundeschule）と呼ばれる犬のしつけ・訓練教室がある。三〇〇〇頭に一教室の割合である。この数字を基に計算すると、ドイツ全体では二五〇〇以上のしつけ教室があることになるが、都市とその周辺にこの種のしつけ教室が多いことを考えると、実際の数は、それより少ないであろう。それにしても、犬の数を基準にしてわが国に置き換えると、計算上は三五〇〇教室という非常に大きな数字になる。

教室によっては、自前の施設を持っているところもあれば、大きな公園やあき地を利用し、自前の施設を持っていないところも少なくない。どちらにも、それなりの言い分があり、一方が、自前の施設でしつけをした方が犬が集中できるといえば、他方が、公園やあき地を利用した方が、ハプニングがあったりして実際の生活の場に近い状態でしつけができると反論する。いずれにしても、しつけの内容はあまり違わない。

比較的多くの飼い主が参加する一般的なコースは、初級コースと上級コースであり、どちらも約一時間を単位とする実習や、講義一二ないし一四の単位から構成されている。実習は、自前の施設や公園・あき地で行われるものと、路上など実際の生活の場で行われるものが組合わされているが、どちらも飼い主と犬の双方が参加する。そして、約一時間の実習の時間は、おおよそ三等分され、中間の二〇分を気分転換のための休憩にあて、前後二〇分、合計四〇分が実習の時間にあてられる。犬の集中力が持続するのは二〇分が限度という理由によるものである。休憩時間には、犬を可能なかぎりリラックスさせ、水やおやつが与えられる。特に、夏期の日中の実習では、水分の補給は不可欠である。

ドイツの犬のしつけは、かつては厳しいことで有名だったが、現在では、犬の習性を理解して、うまく利用し、ほめることを基本にして行われている。特に、動物保護、動物福

広いあき地を利用した犬の学校

（ドイツ，旧東ベルリン側の緩衝地帯にて）

東西分断時に，逃走防止のために設けられた旧東ベルリンの緩衝地帯を利用した犬の学校の休憩時間の風景。ドイツでは，飼い主と共にしつけ・訓練を受けることが多い。犬が飼い主の指示に従うようにするためと，飼い主の，犬についての理解を深めるためである。動物保護法との関係で，かつてのドイツ流の厳しいしつけ・訓練は影をひそめた。

祉の法律が強化されるにつれ、犬に苦痛を与えるようなしつけは影をひそめた。数か所の施設・教室を訪問したが、いずれも、飼い主、犬が共に楽しみながらしつけの実習をしている様子である。楽しみながら、家庭や社会で犬が健康かつ安全に生活するとともに、家族の一員として、また、社会の一員として、人に損害を与えたり迷惑をかけることのないようにしつけをし、飼い主にも、飼い主として必要な知識とマナーを身につけさせるのが、犬の学校のしつけ・訓練教室の目的なのである。

一般の教室は、五頭から一〇頭ぐらいを単位にして集団でしつけが行われるが、咬みぐせがあったり集団生活のできない問題犬については、それを直すために個別の指導が行われる。一般の教室の受講料は一コースで二〇〇ドイツマルクから三〇〇ドイツマルクぐらいであるが、個別の指導料となると、一時間で五〇ドイツマルク以上はかかる。それでも、ボランティアによるしつけ教室は別にして、わが国の犬の訓練施設にくらべると、かなり安い費用である。

ベルリンだけでもこのような施設が五〇もあるのだから、教室や施設を選ぶのでなければ、家から車で二〇分も走れば、どのような場所に住んでいる飼い主でも、しつけ教室に参加できるはずである。ドイツでは、費用を含めごく気軽に教室に参加できるのである。

自前の施設を持つ犬の学校
（ドイツ，ベルリンの PRO DOG にて）

このように近い位置にいながらお互いに他の犬に関心を持たないというのもしつけ・訓練の１つ。このようにしつけられてこそ，道路や公園で他の犬とすれちがっても，何の問題も生じないし，地下鉄で人のすぐそばにいても，トラブルにならないのである。

そうであればこそ、犬のしつけ・訓練が、ドイツでは一つの社会システムになっているといえるのである。

しかし、しつけ教室を開いている人達の話を総合すると、ベルリンで実際にしつけ教室に参加している犬は、全体の一パーセントから二パーセントに過ぎないという。しつけにうるさいドイツ人の感覚からすると、この数字はかなり少ないものに映るであろうが、わが国と比べれば、とてつもなく大きな数字である。家族、知人、近隣の誰かがしつけ教室に参加した経験があり、あるいは経験のある人から、その経験を正確に伝えてもらうことができることをこの数字は示している。したがって、しつけ教室に参加していなくても、ほとんどすべての犬が、それなりのしつけを受けることができるし、また、実際にも受けている。その結果、家族の一員として生活するうえで、また、社会の一員として生活するうえで、支障は生じないのである。

飼い主によっては、犬の学校でしつけをせず、個人的にした場合でも、正規のしつけを受けたのと実質的に違いがないようにしつけをすることも可能であろうが、しつけ教室に参加すれば、それぞれのコースの最後に試験があり、試験官が合格の判定をすれば、証明書と犬の首輪につける緑のメダルが飼い主に渡される。それによって、飼い主は、公的義務を果たしたことが社会的に認知されるのであり、良い飼い主の仲間入りができるのである。そのような点で、家でしっかりとしつけをしたとしても、教室に参加した場合との間に、はっきりした差が出てくるのである。その差は、具体的には、闘犬種などの危険な犬を外出させるときでも、咬みつき防止の口輪をしなくてよいことなどに現れる。

三　わが国のしつけの状況

ドイツに比べると、わが国の犬のしつけや訓練の施設は非常に少ない。ほとんどの都市では、周辺に施設がなく、飼い主がしつけ教室に参加したいと思っても、そう簡単にできるものではない。それでもしつけをしたいと考えるのであれば、結局、飼い主は、犬の宿泊施設を備えた遠方の訓練施設を利用せざるをえない。犬の宿泊費も必要になるので、費用も高額になり、飼い主の負担はそれだけ大きくなる。それだけでなく、施設にあずける形でのしつけとなると、飼い主は、愛犬としばらく別居しなければならないことなどから、どうしてもおっくうになり、消極的になりがちである。それらが重なりあって、わが国では、しっかりとしつけられた犬が極端に少ないのである。

訓練施設でのしつけにかわるものとして、自治体や動物愛護団体が主催する犬の一日しつけ教室のようなものは少なくないが、飼い主をして本格的なしつけの動機付けをめざすのであればともかく、それだけでは全く不十分である。

確かに、わが国の場合、公園やあき地の多いドイツなど欧米諸国に比べ、しつけの場所の確保という点で条件は悪い。五頭から一〇頭の犬の集団的なしつけを念頭に置けば、最低でも二百坪から三百坪、しつけの内容によっては五百坪以上が必要である。個人が、都市やその周辺でそれだけの土地を確保するとなると、余程高額の料金をとるのでなければ投資の資金を回収するのは無理である。そうなると、結局、土地は国や自治体に依存せざるをえないであろう。ドッグランのような専用の施設があれば理想的であるが、わが国の現状からすると、それは夢に近い。もう少し現実的な方法として、河川敷その他の公有地を、日時を限定して利用することなどを考えてよいであろう。

次に、しつけについての人材であるが、ドイツをはじめとする欧米諸国並となると、数も勿論不足しているが、それ以上に質の面での人材の充実こそ必要不可欠である。わが国では、これまでも、しつけについてそれなりに知識を有する人材を育成してきているのであり、そのような人は、かなりの数にのぼる。その中には、ボランティアで犬のしつけにかかわっている人もいる。しかし、ボランティアとなると、例外はあるがどうしても安易になりがちである。しつけや訓練に焦点をあわせたプロの育成が必要であり、そのためには、質を高めるためのシステムを構築しなければならないのである。

よいシステムがあったとしても、金銭面でも、時間面でも、個人の負担は不可避であり、修得した能力を職業に活用できる途が開かれているのでなければ、苦労して犬のしつけや訓練の能力を修得しようとする者は限られてくる。わが国の犬の数や、犬のしつけの現状からすると、すべての犬に対して、犬が広く社会に進出している国々に比肩するだけのしつけをするためには、高い質を有する多数の人材が必要であり、そのためには、能力を高めるシステムと、能力を活用するシステムがどうしても構築されなければならない。

そのようにして、しつけにふさわしい場所が都市やその周辺に確保され、高い能力を有する人材が多数育成されれば、多くの飼い主にとって、費用の面でも、時間の面でも、比較的少ない負担でしつけ教室に参加することができる。そうすれば、飼い主のしつけに対する意識の高まりなどをも合わせて考えると、参加する飼い主はかなりの数にのぼるものと期待できる。そうなれば、しつけの問題は意外に早期に解決されるかも知れない。

四　飼い主に求められる姿勢

現在のわが国では、しつけや訓練の施設も、それを有効に活用する社会システムもほとんどないに等しい状況にあるので、それを整備・充実することが必要不可欠であるが、それだけで、しつけや訓練の問題が解決できるわけではない。それらの施設や社会システムが本来の役割を果たせるかどうかは、利用者である飼い主が問題の重要性をどこまで認識し、それをどのように利用するかにかかっているのである。既に指摘したように、ベルリンには、約五〇の犬の学校と呼ばれるしつけ・訓練の施設があり、システムも整備されているが、利用率はそう高くない。他方、わが国には、そのような施設は極めて少ないが、それでも、大型犬の飼い主の中には、遠くの施設に高額の費用を出して預ける人もいる。施設や社会システムが整備される必要はあるが、なによりも大切なのは飼い主がどのような姿勢を持つかである。

なくしたい愛情の上滑り

マスメディアを含め近時の数多くの情報から明らかなように、今やペットは、多くの飼い主にとって愛玩動物ではなく、心の通い合う仲間としての動物＝コンパニオン・アニマルであり、人生の伴侶や家族の一員なのである。

質問項目がそれらのことに明確に対応してはいないので、必ずしも直接にそのことを示すものばかりではないが、既に紹介した二〇〇〇年六月実施の世論調査の結果にも、さまざまな言葉によってあらわされている。たとえば、「ペットを飼っている理由」という質問項目との関係では、「気持ちがやわらぐ（まぎれる）から」四六・二％、「子供の情操教育のため」二一・二％、「家庭内がうまくいくから」八・五％、「伴侶となる動物（コンパニオン・アニマル）だから」二一・四％という数字が、そのことを示している。また、「ペット飼育がよい理由」という質問項目との関係では、「生活に潤いや安らぎが生まれる」五一・二％、「家庭がなごやかになる」四二・五％、「子どもたちが心豊かに育つ」四〇・六％、「育てることが楽しい」二四・七％、「お年寄りの慰めになる」一七・二％、

かみつき防止の口輪（くちわ）をした犬
（ドイツ，ベルリンの空港にて）

イギリスに始まった危険な犬に対する規制は，フランス経由でドイツにも波及し，昨年から規制が開始された。きちっと訓練をし，緑のメダルをもらった犬は口輪をしなくてもよいが，そうでない犬は，外出時に口輪をつけることが求められる。まだ制度が完全に定着していないためか，口輪をしていない該当の犬も少なくないようである。

「友達になれる」一六・三％、「ペットを通じて人付き合いが深まる」一五・一％という数字が、人とペットの心のふれあいを示したり、におわせたりしている。さらに、「少子高齢化や核家族化の進展とペット飼育」という質問項目との関係では、「家族の一員同様に共に生活する世帯が増える」四三・三％、「老後のパートナーとしてのペットの重要性が増す」三九・八％、「福祉施設や老人施設などでペットが飼われるケースが増える」二六・八％、「子供の情操教育などの目的でペット飼育の重要性が増す」というように、他の二つの質問項目の回答以上に、人生の伴侶や家族の一員であるというペットの位置づけをはっきり示している。

しかし、心の通じあう仲間としての動物＝コンパニオン・アニマル、人生の伴侶、家族の一員たるペットは、それにふさわしい処遇を受けているであろうか。

確かに、「うちの子」や「ちゃん付け」で呼ばれるペットは少なくないし、また、かわいいわが子のためならば、どのようなことについても金に糸目をつけないと言って、ペットに金をつぎ込む飼い主もいる。フランスやイタリアの一流ファッション・ブランドの製品を身につけて、週に一度はベンツに乗ってペット専用の美容院へ、などというペットもいるし、食事も、普段は松阪牛の霜降りや本マグロの大トロ、お正月には初詣《はつもうで》でペット専用のおはらいを受けたあと、気持ちも新たにペット用のおせち料理、誕生日には特注のバースデーケーキのプレゼント、などという大変なペットもいる。もちろん、そんなペットが病気やケガでもすれば大騒動で、固有名詞は避けるが、カリスマ動物病院のAやカリスマ獣医師のNといったところで診療を受けることになる。お見合の相手選びも大変で、相手の血統書だけでなく、飼い主のことまで調べられる。

そんな馬鹿な……と思う人は少なくないであろうが、テレビ、新聞、雑誌などの情報を総合すると、そのようなペットがいてもなんの不思議もないのである。もし、ペットの幸せを、そのために使う金の多寡で決めるとすれば、わが国のペットは世界一の幸せものということになるのかもしれない。飼い主の中にも、そのように考えている人は少なくないようで、使う金の多寡こそがペットに対する愛情のバロメーターとばかり、せっせと金を注ぐ飼い主もいる。ここまで極端ではないとしても、思いあたる飼い主は少なくないはずである。

そして、思い起してみると、かつて、大切なわが子のためならば金に糸目をつけないとばかりに、子供の言う通りにせっせと金を注ぎ込んだ親が少なからずいた。今もそのような親はいるであろう。しかし、その子は幸せになっているだろうか。人として立派に成長したたろうか。金が親子の関係の接着剤となり、両者のきずなは強まったであろうか。このようなことを考えると、空しさを感じる親は少なくないはずである。そして、何事につけ金で解決できると考え、また、実際にもそれをしようとしてきたことに対し、反省の念にかりたてられる親も少なくないはずである。そんなことができると考えるとすれば、それはあまりにも短絡的に過ぎる。親子の関係について、また、子に対して親が負っている責務について、さらに、社会との関係で親は子に対してなにを身につけさせたらいいか、他の考えもあるであろう。

それらのことは、ペットについても言えることで、飼い主は、ペットとの関係、ペットに対する飼い主の責務、社会に対する飼い主の責務について、もっと真剣に考えたらどうだろうか。かわいい、かわいいと猫かわいがりするだけであれば、それはただペットを愛玩の対象にしているだけである。もし、人生の伴侶や家族の一員としてペットと接したいと考えるのであれば、飼い主の立場から一方的に愛情を注ぎ込むのではなく、相手であるペットの立場を尊重し、ペットの視点に立って見たり考えたりする必要がある。

そのように言うと、言葉を話さないペットの気持ちになって考えることなどできるわけがない、と反論する人は少なくないはずである。しかし、人も、最初から言葉がわかるわ

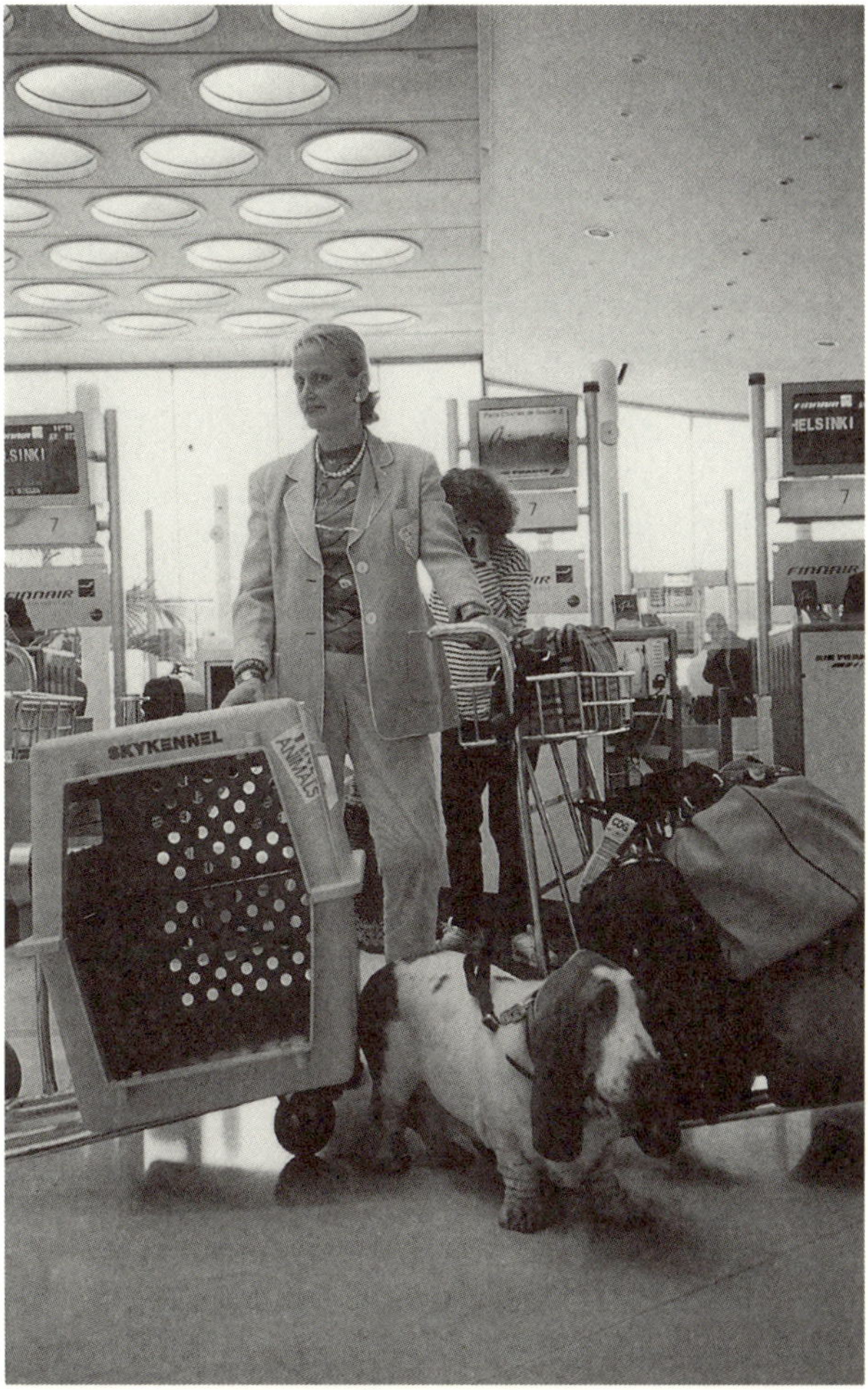

空を飛んできた犬

（ドイツ，ベルリンの飛行場にて）

ヨーロッパでは，このような光景はそんなに珍しいものではない。旅は犬連れなのである。イギリスも，かつては動物検疫の厳しい国であったが，ペットのパスポートの制度ができてからは，入国手続が簡単になった。ペットにとってもヨーロッパの国境はなくなりつつある。

けではない。だからこそ、育児書があり、人から聞いて育児の勉強をするのであり、それをしたうえで、具体的な場面場面において、言葉を使えない乳幼児がなにを希望しているのか、注意深く観察することで、かなり正確に乳幼児の気持を知ることができるはずである。

また、人が成長して言葉を話すようになっても、本当のことを話すとは限らないので、話の裏を読まなければならない場合さえあり、そんなことを考えると、言葉を話さないペットの方が、よほど心の内を読みやすいとも言えるのである。乳幼児と比べて、ペットがそんなに大きく違っているわけではない。

ペットを飼おうという人、初めてペットを飼おうという人は、ペットだからといって気軽には考えないで、十分に準備をして飼うべきである。ペットは飼いたいが、そんな煩わしいことはしたくないという人や、しようという気持ちはあるが自信がないという人がいるとすれば、そのような人は、電子ペットやロボット犬・ロボット猫でがまんすべきである。それが自分のためでもあるし、動物のためでもある。もともと、電子ペット、ロボット犬、ロボット猫は、動物特有のあたたかみもなければ、顔や体全体であらわすさまざまな表情やしぐさもない。また、食事や排泄など生命を維持し健康を保つためのいとなみもなければ、病気やけがもしない。命あるペットと比べるとあまりにも多くの違いはあるが、ペットを飼えない人や飼わない方がよい人にとっては、それなりの役割を果たすはずである。

ペットに対する飼い主の責務

人によって人の生活圏に導き入れられたペットは、基本的に自ら生活する術を持たず、飼い主にすべてを依存している。そのこととの関係で、飼い主は、ペットをよく理解したうえ、ペットを一生涯、適正に世話をする責務を負っている。ペットに対する飼い主の責務は、ペットに対する理解と、愛情の深さ、責任感の強さによって決まるのであるから、法律の規定などによって他人が介入するまでもなく、すべての飼い主がしっかりと自らの責務を果たしさえすれば、なんの問題も生じないのである。しかし、実際には、最低限の責務さえ果たされず、極めて劣悪な状況に置かれているペットは驚くほど多い。

随分前から存在していたドメスティック・バイオレンスと呼ばれる、家庭内での家族に対する暴力や虐待が、最近になるまで社会的に注目されず、内容が明らかにされることも対策が講じられることもなかったのは、家庭内という社会と一線を画された場所で行われるうえ、家族の問題に他人が介入すべきでないという考えが強かったからである。ペットに対する家庭内暴力や家庭内虐待も、人に対する場合と同様の要素が強いうえ、これまでは、たかがペットの問題でなにもそこまで……と考える人が多かったのも、対応を遅らせてきた要因である。

ペットに対する暴力や虐待を含め、ペットに対する飼い主の最低限の責務さえ果たしていない人が少なくないことを考慮し、法律は、この問題に対しても、それなりの対応をしている。対応は、飼い主の一般的な責務と、虐待や遺棄に対するものに二分され、前者に対しては、努力目標を定めているだけなのに対し、後者に対しては、違反した飼い主に罰則をもって臨んでいる。

「動物の愛護及び管理に関する法律」の中から、ペットに対する飼い主の責務に関する部分のみを抜粋すると、第五条一項が「動物の所有者又は占有者は、命あるものである動物の所有者又は占有者としての責任を十分に自覚して、その動物を適正に飼養し、又は保管することにより、動物の健康及び安全を保持するように努め……なければならない」と、同条第二項が「動物の所有者又は占有者は、その所有し、又は占有する動物に起因する感

レストランの入口で飼い主の帰りを待つ犬
（フランス，パリのレストラン前にて）

犬同伴のレストランは少なくないが，ここでは，レストランの入口でひたすら飼い主が出てくるのを待っている。そう多くはないがよく見る光景である。犬同伴可のレストランでは，犬の定位置はテーブルの下，テーブル・クロスが敷かれているところでは，その影に隠れて，ほかの人からは見えない。

染症の疾病について正しい知識を持つように努めなければならない」と、同条第三項が「動物の所有者は、その所有する動物が自己の所有に係るものであることを明らかにするための措置を講ずるように努めなければならない」と定めている。

第五条一項、二項、三項は、いずれも文末に「努めなければならない」という言葉を用い、飼い主の努力目標を定めているが、実効性に欠けるだけでなく、内容が抽象的で具体性を欠いているという点にも問題が残されている。それを受け、犬と猫については、より具体的な飼育や保管に関する基準が定められている。それが「犬及びねこの飼養及び保管に関する基準」である。この基準も、動物愛護管理法と同様、飼い主の努力目標を定めたものであるが、基準の中から、ペットに対する飼い主の責務に関する部分を抜粋すると、次のようなものになる。

基準は、まず、一般原則として「犬又はねこの所有者又は占有者は、犬又はねこの本能、習性及び生理を理解し、家族同様の愛情をもって保護するとともに……犬又はねこを終生飼養するように努めること」と定めたうえ、健康や安全保持等の個別問題について、やや詳細に基準を設けている。そこでは、「犬又はねこの種類、発育状況等に応じて適正に飼料及び水の給与を行うように努めること」、「犬又はねこの外部寄生虫の防除、疾病の予防等健康管理に努めること」、「犬の種類、発育状況、健康状態等に応じて適正な運動をさせるように努めること」、「やむを得ず犬又はねこを継続して飼養することができなくなった場合には、適正に飼養することのできる者に当該犬又はねこを譲渡するように努め……ること」などといった内容が定められている。

これらの法律や基準を総合すると、犬や猫の飼い主は、命ある動物の飼い主としての責務を十分に自覚し、それぞれの動物の本能、習性、生理を理解したうえ、種類や発育状況等に対応した適正な給餌・給水、寄生虫や感染症防除などを含めた健康及び安全の保持、さらに犬については種類、発育状況、健康状態等に対応した適正な運動をさせるように努めるなど、犬も猫も終生家族同様に愛情を持って飼育しなければならず、どうしても飼育を継続できなくなったときには、適切に飼育できる新たな飼い主を見つけるべく努力せよ、というのである。

法律・基準とも、内容は極めて常識的でもっともであるが、今となっては、そのどれもが取立てて基準にとりあげることもないほど誰もが知っているものであり、最低限度守られるべき基準としてどれだけの意味を持つものか、疑問なしとしない。少なくともこの基準が最初に設けられた一九七五年と、一部改正が行われた二〇〇〇年とでは、犬や猫をめぐる社会の状況も、犬や猫に関するさまざまな分野の学問水準も大きく変化したのであるから、それらを反映した改正が必要であったはずなのであるが、改正は、それとは程遠いものであった。どのような事情があったかは知らないが、改正はこの点についてまったく不十分なもので、認識の不足や怠慢があったことは否定できないのである。

その一部を指摘すると、家族同様に愛情を持って接すべき犬や猫の心のケアに対し、なんらの対応もされていない、給餌・給水、病気予防等の健康管理、犬の運動以外に、ペットに対する飼い主の責務という視点からペットのしつけや手入の問題がとらえられていないなど、いくつかの問題については基本的な視点がほとんどすべて欠落している。さらに、動物愛護管理法によって、ペットに対する飼い主の責務として新たに追加された第五条二項や三項に関する対応がされておらず、その点での法律の定めが具体性、実効性に欠けるものになってしまっているといった、もう少し具体的な問題もある。

なによりも大きな問題は、その基本姿勢である。「犬及びねこの飼養及び保管に関する基準」は、もともと、基準を守らなかったからといって処罰されたり不利益を与えられない、単なる努力目標を定めたものに過ぎないのであるから、もっと積極的に、飼育や保管について、飼い主、ペット、社会のすべての立場を考え、理想的な基準を具体的に定め、

塀の上の侵入者（猫）
（ドイツ，ミュンヘンの筆者宅）

ドイツシェパードのチャンピオン犬２頭を飼い，愛犬家を自認していた隣人も，筆者が飼っている猫を見て，猫１頭を家族に加えた。このような例はヨーロッパでは珍しいケースであるが，小学校に入学したばかりの娘が両親にせがんで飼い始めたのである。

飼い主と社会の双方に対し啓蒙をはかるべきではないのか、という疑問である。それによって、ペットに対する飼い主の責務というこれまであいまいにされてきた問題を、飼い主も社会もはっきりと認知するはずであるし、その背景にある最も根本的な問題、つまり、動物は飼い主の絶対的支配の対象となる物か、もし、そうだとすれば、動物の命に対しどのような配慮と対応がされるべきか、という問題に対し、もっと真剣に議論がされるはずである。ペットに対する飼い主の責務という極めてプライベートな次元で考えられてきた問題は、実は、そのような根本的かつ重要な意義をかかえているのである。

ペットに対する飼い主の一般的な責務違反に対しては、罰則をもって対応してはいないが、虐待と遺棄に対しては、罰則をもって対応している。つまり、動物愛護管理法第二七条一項は「愛護動物をみだりに殺し、又は傷つけた者は、一年以下の懲役又は百万円以下の罰金に処する」とし、同条二項は「愛護動物に対し、みだりに給餌又は給水をやめることにより衰弱させる等の虐待を行った者は、三十万円以下の罰金に処する」とし、同条第三項は「愛護動物を遺棄した者は、三十万円以下の罰金に処する」と定めているのである。第五条一項の虐待は、飼い主だけを念頭に置いて定めたものではないが、同条二項の虐待と、同条三項の遺棄は、明らかに飼い主を念頭に置いたものである。多くの飼い主は、虐待や遺棄とは無縁と考えがちであるが、そうではなく、普通の飼い主と思われる飼い主の中に虐待や遺棄をする者がいるのである。

社会に対する飼い主の責務

ペットに対する飼い主の責務という考え方が、必ずしも飼い主や社会に定着しているわけではないが、それ以上に定着していないのは、社会に対する飼い主の責務という考え方である。犬を中心に、ペットは社会と深いかかわりを持って生活しているのであるから、当然、社会の一員として社会的ルールの中で生活しなければならない。ペットがそのような存在である以上、飼い主は、社会に対し、それだけの責務を負っている。特に、ペットは、すべてを飼い主に依存する存在であるから、ペット自身の社会に対する責務ということは考えられず、責務はすべて飼い主が負うことになる。

ペットの飼い主は、常にそれを念頭に置かなければならないのであるが、飼い主自身、自分や家族が社会の一員であるという意識を日常的に持っているわけではない。特に戦後のわが国においては、ペットの問題を含めあらゆる問題について、社会の一員という意識が不足している。それは、第二次世界大戦後のわが国の社会の一つの特徴とも言えるのである。

戦前戦中の苦い経験に対する反省もあり、戦後は、国のため、社会のため、人のためという言葉に対して拒否反応を示す人は非常に多かったし、弱まりつつあるとはいえ、今もなおその状態は続いている。確かに、それらの言葉の濫用・誤用は危険であるが、そのような意識が不足し過ぎるのも問題である。現在のわが国はというと、明らかに不足し過ぎの状態にある。子供やペットのしつけ、教育、訓練に「社会の一員」という視点が不足しているのも、そのことと無関係ではない。

特にペットの場合には、そのような視点がほぼ完全に欠落してしまっている。飼い主は、自らの意識を改革し、ペットも社会の一員であるという認識をしっかりと持ち、そのうえで、社会に対する飼い主の責務をまっとうしなければならないのである。

動物愛護管理法は、犬と猫の飼養・保管基準を、努力目標として定めたものであるが、一応は社会との関係で犬や猫の飼い主が負っている責務を定めている。

まず、第五条一項で「動物の所有者又は占有者は……その動物を適正に飼養し、又は保管することにより……動物が人の生命、身体若しくは財産に害を与え、又は人に迷惑を及ぼすことのないように努めなければならない」と定め、同条二項と三項は、既に示したように、それぞれ、感染症について正しい知識を持つように努めること、動物に飼い主の氏名や連絡先をとりつけた首輪を着装したり、マイクロ・チップをつけるなど、飼い主を明示する方法を講ずるように努めることを定めている。

その五条一項を受けて、犬と猫の飼養・保管基準は、一般原則として「犬又はねこの所有者又は占有者は、犬又はねこの本能、習性及び生理を理解し……人の生命、身体又は財産に対する侵害を防止し、及び生活環境を害することがないよう責任をもって飼養及び保管に努め……ること」という基準を定めたうえ、保管に関して「犬又はねこの所有者又は占有者は、犬又はねこの種類、習性及び飼養数、飼養目的等を考慮して犬又はねこを適正に保管し、必要に応じて保管施設（以下「施設」という。）を設けるように努めること」という基準を定め、危害防止の具体策として、犬の所有者又は占有者は、「犬の放し飼いをしないように努めること」、「犬が施設から脱出しないよう必要な措置を講ずるように努めること」、「犬をけい留する場合にはけい留されている犬の行動範囲が道路又は通路に接しないように留意すること」、「適当な時期に飼養目的等に応じて適当な方法でしつけを行うとともに、特に所有者又は占有者の制止に従うよう訓練に努めること」、「犬を道路等屋外で運動させる場合には、下記事項を遵守するように努めること。⑴犬を制御できる者が原則として引き運動により行うこと。⑵犬の突発的な行動に対応できるよう引綱の点検及び調節に配慮すること。⑶運動場所、時刻等に十分配慮すること」という基準を定め、また生活環境の保全に関しては、犬又はねこの所有者又は占有者は、「公園、道路等公共の場所及び他人の土地、建物等が犬若しくはねこにより損壊され、又は犬若しくはねこの汚物で汚されないように努めること」、「汚物及び排水の処理等施設を常に清潔にし、悪臭等の発生防止に努めること」という基準を定めているのである。なお「引き運動」とは、飼い主が先に立ち、犬を後ろにつかせる形をいう。

社会に対する飼い主の責務については、ペットに対する飼い主の責務の場合とは異なり、かなり多岐にわたり、かつ、かなり具体的に基準を定めている。人の生命、身体、財産に対する損害や、日常的な迷惑にかかわる重要な問題であるとともに、衆目の中で日常的に生じているものであるだけに実態の把握が比較的容易で対策が講じやすいという事情があって、多岐にわたり具体的な基準が定められたのである。そして、それらの基準は、社会に対し直接的な影響があるという点で、社会の側からするとペットに対する飼い主の責務以上に重要な問題であるにもかかわらず、すべて努力目標であって罰則がないところに

犬専用トイレとそのマーク
（フランス，パリ13区の街路端にて）

この飼い主は犬専用トイレで犬に排便をさせていたが，パリではこのような飼い主はまだまだ少ない。パリ13区には，試験的にこのような犬専用トイレが多数設けられているが，まだ利用率は高くない。

検討課題が残されているが、内容的にはおおむね妥当なものである。

そのことは、本章の冒頭で触れた、「ペットの飼い主やペット飼育のどこに問題があると考えているのか」という世論調査の結果に非常に上手く対応した内容になっていることによっても検証できる。飼い主の多くは、犬と猫の飼養・保管基準の存在そのものを知らないのであるが、それにもかかわらず、結果として基準の多くは飼い主によってかなりの程度守られている。ペット問題についての飼い主の意識の高まりが反映されたものと考えることができる。

ただ、ペットが社会の一員と認知され、社会が広くペットを受入れるためには、もう少し高い基準を定め、守られることが必要で、そのような視点から犬と猫の飼養・管理基準を総点検する必要がある。その点について若干の検討課題を指摘すると、その一つは、現在の基準では、犬のしつけや訓練について「適当な時期に飼養目的等に応じて適正な方法でしつけを行うとともに、特に所有者又は占有者の制止に従うよう訓練に努めること」と定められているに過ぎないが、これではあまりにも具体性に欠け、実効性という点で問題がある。そしてなによりも、犬が社会の一員であるという視点が明確に示されていないところに問題の根本がある。それを明確にすれば、社会の一員として社会に損害や迷惑をか

犬の立入りお断りのマーク

（フランス，パリの児童公園にて）

ペットに広く開かれたヨーロッパ社会でも，たまにはこのようなマークを見かける。特に児童公園はペット立入禁止が普通である。これは，パリの街角の風景であるが，ヨーロッパ全体でも，ほぼ同じ風景が見られる。外にいろいろと遊べる場所があるので，児童公園で犬を見ることはない。

けないためにはなにをしなければならないかが、はっきりと見えてくるのである。

それとともに、犬の中でも特に危険性のある種類について規制を強めようという大きな流れが世界的にある。そのこととの関係で、しつけや訓練について点検をする必要がある。また、住宅様式の差異によって生じるしつけや訓練の違いについても検討する必要がある。

もう一つの課題は、飼い主のマナー違反に対して罰則を設けるかどうかである。わが国でも、地域によっては住民間で大きなトラブルに発展し、糞害がきっかけで殺人事件が起った例もあるが、国レベルでこの問題について、罰則を設けるかどうか検討されたことはほとんどないようである。世界的には、犬の糞の始末をしない飼い主に対し罰金を科するという流れが生まれてきており、わが国でも、そろそろ検討してよい時期にきているように思われる。

第三章　社会の役割分担

一　ミュンヘンのペット事情

南ドイツ・バイエルン州の州都ミュンヘンは、約一五〇万の人口を擁するドイツ第三の大都市である。等身大の人形で作られた職人の踊りや、騎馬試合などの仕掛け時計で有名な、新市庁舎前のマーリエン広場を中心とする中央商店街の主要道路は、歩行者天国になっている。春から秋にかけては、あちこちに路上ビアガーデンが設けられ、どこも結構繁盛している。

また、歩行者天国のエリア内ではないが、マーリエン広場の南西すぐ側には、ミュンヘン市民の胃袋をみたす台所、ヴィクトゥアリエン市場があり、パン屋、肉屋、魚屋、八百屋、果物屋、チーズ屋、ワイン屋、加工食品店など、およそミュンヘン市民の胃袋に入るもので、この市場に売られていないものはないと言ってよいほど、ありとあらゆる食料品が売られ、常に賑わいを見せている。

歩行者天国でない道路も、車道を一方通行にしてでも、道路の両側に十分な幅の歩道が設けられている。しかも、歩道には路肩の街灯の支柱以外にこれといった突起物・障害物がないので、子供も、老人も、体に障害があり、車椅子や歩行補助器具を使用している人も、引き綱をつけて犬を散歩させている人も、車の危険から解放され、安心して買物をし、散歩や散策を楽しむことができるのである。

マーリエン広場からヴィクトゥアリエン市場とは逆の北東の方向には、高級ショッピング街として有名な歩行者天国のティアティナー通りが、二〜三〇〇メートル先のオデオン広場まで通じている。通りの中程でやや変則にクロスしているのがマクシミリアン通りで、通りの両側には、バイエルン国立歌劇場、一流ホテル、一流ブティックが軒を連ねている。オデオン広場の東側にはバイエルン王家の宮殿があり、その北東には、今は市民に広く開放された宮殿庭園が、そして、その北東には、ロンドンのハイドパークにも匹敵する英国庭園が広がり、ミュンヘン市民の憩の場となっている。

小川、池、丘、草原など自然のあらゆる要素に加え、茶室のある日本庭園まで備えたこの大庭園は、ミュンヘンの人達だけでなく、ミュンヘンの犬達にとっても愛すべき場所で、人も、犬も思い思いに楽しんでいる。

市内を縦横に走る、U《ウー》バーンと呼ばれる地下鉄やS《エス》バーンと呼ばれる郊外電車の主要路線の多くも、マーリエン広場駅など歩行者天国ゾーン周辺の駅に乗入れており、そこに人が集まるようになっている。それ以外にも、路面電車、バスも、そう多くはないがこのエリアに乗入れ、タクシー・スタンドや自家用車用の路上有料駐車スペースも、他の市域に比べ数多く設けられており、買物客にとっては非常に便利である。

社会の一員として広く社会進出を果たしている犬の話をするのに必要な範囲で、ミュンヘンの中心部を概観したのであるが、歩行者天国のゾーンをはじめとするミュンヘンの中心部は、人口百万を超すヨーロッパの大都市の中でも、最も多くの犬を見ることのできる場所の一つである。そして、その背景には、街づくりのハード面と社会システムのソフト面の両面において、犬の社会進出をサポートする条件整備がされている。そうでなければ、大都市の中心街で、それだけ多くの犬を見ることはない。

まず、ミュンヘン市域のほとんど全域をカバーする一定の範囲内では、Sバーン、Uバーン、路面電車、路線バスなど、すべての公共交通機関において、犬は、特にケージなどに入れない状態でも、無料で飼い主に同伴できる。たとえその範囲を超える場合でも、大人の料金の半額の子供料金と同額を払えば、同伴そのものは自由にできる。それに加え

街頭で動物愛護活動をする小規模の団体
（ドイツ，ミュンヘンのマーリエン広場横にて）

大規模な動物愛護団体はマスメディア等を使って活動することが多いが，中小の団体の中には，このように街頭活動を中心とするところも少なくない。いずれにしても，ヨーロッパの動物愛護団体は，市民への働きかけや連携を重視しており，その点で学ぶべきところが多い。

て、歩行者天国のゾーンをはじめとする中央商店街では、デパート、レストラン、ビアホール、カフェー、さまざまな種類の店の多くが、犬と同伴することを認めている。そのようなソフト面でのサポート体制に加え、中心部の主要な二本の道路が歩行者天国にされ、そうでない道路でも、両側に十分な幅の歩道が設けられているので、飼い主は安心して犬同伴で買物をし、ドイツ人の好きなウィンドウ・ショッピングを楽しむことができるのである。そして、その前後や途中に、飼い主は、ミュンヘン市民が誇りにし、また大好物のミュンヘンビールでのどを潤し、犬も、専用の水入れに水を注いでもらい、ひとときの休息をとる。

日曜日と祝日に小売店が一斉休業になるドイツでは、多くの人が、仕事から解放される土曜日の閉店時間の午後四時までを買物の時間にあてている。買置きのできるビール、ワイン、コーヒー、肉、乾物類などの食料品や日用品は、郊外の大型スーパーマーケットで買いだめをし、地下の物置きやそこに備えられた大型の冷凍庫で保存する。日々の買物は、それを補充する程度に過ぎない。

ヴィクトゥアリエン市場も、ダルマイヤーをはじめとする中央商店街の有名食品店やデパートも、高品質の品物を中心に品揃えは悪くないが、大型スーパーマーケットに比べ価格は高いので、特別の日のごちそうは別にして、食料品を含めてすべての日用品をそのエリアだけで賄うミュンヘンの住人は、そう多くないはずである。したがって、買物は口実で、ウィンドウ・ショッピング、ビアホールやビアガーデンでの一ぱい、ドイツ一華やかと言ってもよいマクシミリアン通り、ティアティナー通り、レジデンツ通り、ノイハウザー通りのそぞろ歩きが目的なのである。いずれにしても、土曜日の昼頃から店の閉る午後四時頃までは、そのような人達であふれかえっている。もちろん、なにか特別の催し事があって大混雑が予想されるような場合でもなければ、犬も同伴している。

ドイツの犬のしつけがよく行届いていることについては、ベルリンの犬の学校の説明で触れたが、ミュンヘンの犬も非常によくしつけられている。そうであればこそ、社会が犬を広く受入れているのである。犬のしつけと社会への受入れは、表裏一体の関係にあるといっても過言ではない。

ミュンヘンでは、筆者がミュンヘンに住んでいた一九八三年から八五年頃に比べ、飼い主のマナーが格段によくなっている。その頃よく見かけた路上の犬の糞が、ここしばらく、ほとんどといってよいほど見られなくなったのである。「犬の飼い主は相当の額の犬税を払っているのだから、地方自治体が当然その始末をすべきである」というふらちな考えを持つ飼い主が、急激に減少したものと思われる。ちなみにミュンヘンの犬税は犬一頭につき一五〇ドイツマルクであるが、これは、糞処理などのための目的税ではなく、一般財源に入る一般税なのであり、犬税を払っているから糞の始末をしないという飼い主の主張は、合理的理由がないのである。

最近になって、犬の飼い主の姿勢について認識を大きく変えさせられた出来事がある。これまで、ミュンヘンの犬の飼い主は、ロンドンやパリと異なり、地下鉄、バス、デパートのような人の多く集まる場所に、犬と同伴する人が少なくないと思っていた。ミュンヘンでは、それほどに、どこに行っても、またどのような場合でも、犬同伴の人を見ていたからである。

しかし、今年（二〇〇一年）六月、その認識を見事に改めさせられた。それまで雨続きだった週末とは打って変わり、夏を思わせる快晴の土曜日だった。午前十時頃ベルリンからミュンヘン空港に到着し、マクシミリアン通りにあるホテルでチェック・インを済ませるやいなや、私はカメラを片手に街に飛び出した。週末ごとに雨の続いた後の快晴の土曜日、きっと犬同伴の飼い主も多いとふんだからである。街の写真には、気に入ったもの、使えるものは沢山あるが、地下鉄関連のものが意外に少ないのである。とりあえず、地下

歩行者天国に設けられたビアテラス

（ドイツ・ミュンヘンのティアティナー通りにて）

ミュンヘンの歩行者天国にはこのようなテラスやビアガーデン風のものが多数ある。散歩や買物の前後や途中で「ちょっと一杯」ということになる。この犬はそうではないが，そのようなとき，犬も水をもらうことが少なくない。

鉄のマーリエン広場駅までの途中の街の様子をカメラに収めようと、予め念頭に置いていたスポットに出掛けてみた。いずれのスポットも、普通であれば、よりどり見どりの状態で、五分もいれば欲しいスナップを収めることができるのだが、その日に限って、人は普段よりはるかに多いのに、犬がまったくいないのである。仕方なく、街路上のスナップ写真をあきらめて、地下鉄のマーリエン広場駅に向った。

通りの角をまがり、マーリエン広場全体を見渡して驚いた。広場には、大音響が響き渡り、人があふれかえっているのである。よく見ると、新市庁舎を背に特設ステージが設けられ、その前にはにわか仕立のビアガーデンまである。これでは、犬は近付けそうにない。ミュンヘン市民の多くは、予めこのような事情を知っていて、普段は連れてくる犬を家に置いてきたのである。

たまたま、愛犬を大切そうに両手でだきかかえている女性がいたので、写真どりの許しを請いがてら話しかけてみると、彼女の第一声は、「見通しが甘かったばかりに、犬にも迷惑をかけたし、自分も大変でもうこりごり」とのこと、大切な犬が、足をふまれたり蹴とばされたりしないよう、しっかりと両手で抱いているのだという。この様子から、地下鉄の施設での写真撮りに時間を要することを覚悟して駅の構内に入った。心配した通り三

散歩のはずが散歩にならない犬

（ドイツ，ミュンヘンの歩行者天国にて）

土曜日の午後，あまりの人の多さに愛犬になにかあっては大変と，両手で愛犬を抱きかかえて歩く女性。これもミュンヘンでは非常に珍しい光景で，多分この次から彼女は，今まで以上に人出の多さの予測が的確になるはずだ。

〇分たっても、期待しているような被写体は現れない。数少ない犬と人のバランスが悪いのである。

そのような犬達を観察していると、犬はどうもエスカレーターが苦手なようである。ドイツの犬はよくしつけられており、余程のことがない限り飼い主に付従うが、エスカレーターの前に来ると、決まってしり込みするのである。そうすると、飼い主は、仕方なく犬を抱いてエスカレーターに乗る。唯一の例外がゴールデン・レトリバー種の「モモ」で、前足をエスカレーターの下の段に、お尻を上の段にしてバランスをとりながら座っている。その「モモ」について地下鉄に乗ると、地下鉄はかなり混んでいる。ミュンヘンでこれだけ混んだ地下鉄に乗るのは初めてである。モモと最低限度の距離をとるように移動しようとしたが、容易には動けない。やっとの思いで写真を撮ったが、周囲の乗客の冷たい視線をいやという程感じた。その視線は、明らかに写真を撮った者に向けられ、モモにも、飼い主にも向けられていない。モモと飼い主にはお札を、周囲の人にはお詫びを言って、オデオン広場駅で地下鉄を降りた。

翌日も快晴の夏日になった。今度は、英国庭園に人が向かうはずである。まだ日曜日のミサの時間なのに、既に多くの人が英国庭園に来ていた。その中には、犬と散歩を楽しん

エスカレーターに乗る犬

（ドイツ，ミュンヘンのマーリエン広場駅にて）

抱きかかえられないでエスカレーターに乗れる犬はドイツでもそう多くはないが，この「モモ」は別格で，このまま混雑する地下鉄に乗込んだ。ドイツ社会は，基本的にペットに広く門戸を開いているが，ペットにとっては，利用したい場所，したくない施設がある。飼い主としては，ペットの視線に沿って考えることもときに必要である。

でいる飼い主も少なくない。中には、飼い主はサイクリング、犬がそれに伴走するといった例もある。そのような場合には、小川の水飲み場に来ると、犬は決まってワン・ワンと意思表示する。水飲み場が特に設けられているわけではないが、ゆるやかなスロープのところどころに、雑草が踏みならされて土がむき出しになった、「けもの道」がつけられているのである。犬によっては、給水だけでなく、水浴を楽しんでいるのもいる。

正午近くになったので、庭園の中の広大な池の畔にあるレストランに併設されたビアガーデンに行ってみた。既に多くの人と犬が、池畔の良い席から順に席を埋めている。水浴で体をびしょぬれにした犬もいるが、飼い主も犬も、気にしている様子はない。ミュンヘンの典型的な夏の日曜日の、なんとものどかな風景である。こののどかさこそ、わが国の多くの都市生活者にとって、望むことのできないぜい沢である。

社会が成熟期に入ったわが国でも、今後このような日常生活の中での小さな喜びこそが喜びの中心になり、これまで以上に重要な位置を占めることになろう。このようなのどかな風景は、本当はわが国にもぜひ必要な、どうしてもほしい風景なのである。

人口一五〇万の大都市のど真中にあるこの大庭園は、ぜい沢といえばぜい沢である。しかし、春にはうぐいすが声を競い、夏には水べにホタルが乱舞するこの大庭園を、どれだ

水遊びをする犬

（ドイツ，ミュンヘンの英国庭園にて）

この日は，まだ少し涼しかったためか，飼い主は水浴をしていないが，もう少し暑くなると，犬も飼い主も共に水遊びを楽しむ。ドイツでは，水に慣れるのもしつけ・訓練の一つ。水遊びはどの犬も大好きである。ボールや棒切れを投げてもらうと，何度でも取りに行く。

け多くのミュンヘン市民が愛し、誇りにし、日々実際に利用し、心身をリフレッシュさせているだろうか。また、都市の集合住宅に住むどれだけ多くの犬達が、普段の運動不足を解消させているであろうか。それを考えると、この英国庭園は決してぜい沢なものではないのである。鑑賞用の庭園は、それはそれとして有用であるが、わが国の場合、あまりに観賞の部分が重視され、利用者がそれぞれのライフスタイルに合わせて楽しもうとすると、すこぶる勝手が悪い。その点で、ミュンヘンの英国庭園は、使う人の都合にあわせ、どのような人にでも利用できるように工夫されている。そうであればこそ、多くの市民が、この庭園を愛し、誇りに思っているのである。

その考え方は、ミュンヘンの街づくりにも反映されている。街路には、車椅子を利用する人、老人、子供、犬と散歩をする人にも安全なだけの幅をとった歩道が整備され、縦横にはりめぐらされた地下鉄、郊外電車、路面電車、路線バスなどの交通網が整備され、実際にも、早朝から深夜まで運行されている。音楽の好きな人には音楽を、美術の好きな人には美術を、スポーツの好きな人にはスポーツを、教養を身につけたい人のためには一〇〇〇をはるかに超す講座数を擁するミュンヘン市民大学の講座を提供し、市民一人一人の希望を十分に充足させている。

ペットを最も広く社会に受入れている州都ミュンヘンは、単にペットだけでなく、どのような立場、状況にある人に対しても、その社会進出をサポートし、生き方や興味に対応できるさまざまな社会システムを整備しているのである。誰にとってもとまでは言えないかも知れないが、非常に多くの人にとって、ミュンヘンは生活しやすい街である。ちなみに、マスメディアの世論調査で、「ドイツで一番住みたい街はどこか」という質問をすると、多くの人がミュンヘンと答える。ミュンヘンは、ドイツ人が一番住みたい街なのである。

ペットのため、子供や老人のため、障害者のための街というと、自分には関係のないこととして興味を示さない人が多い。しかし、果たしてそうなのだろうか。人は、必ず二回の障害の時期を通じて死を迎える。一回目は乳幼児期を中心とする若年期であり、二回目は死を迎える前の老齢期である。一回目は、多くの人の暖かい支援によって、本人はあまり意識せずにその時期を通過する。それに対し、二回目は、個人差が大きく、一概には言えないが、高齢化とともに障害は顕在化、長期化している。今や障害は他人事ではないのである。誰もが、その厳然たる事実から目をそらすべきでないし、その事実に真剣に応援しなければならない。しかも、自分がその立場に達したときには、もはや手遅れである。

早い時期から、きちんと対応するにこしたことはない。こういうことを考えると、ミュンヘンの街づくりの視点はなにも特別ではないのである。

あらゆる視点から考え、答えは一つしかない。だれもが安心して参加できる社会、それが街づくりの基本であり、それ以外に目標とすべきものはない。犬の問題から入ったミュンヘンは、人という視点からとらえても、おそろしいほど懐の深い街である。しまいには、そんなことまでも考えさせられた。

二　ペットに開かれたまちづくり

既に指摘したように、ドイツペットフード工業会とドイツ食糧農林省の出している数字を見ても、ドイツ全体で飼われている犬の数は、わが国の半数ないしそれ以下である。人口比で見ても、犬を飼っている人の比率は、わが国の方がドイツよりもかなり高い。それにもかかわらず、ドイツ第三の大都市ミュンヘンでは、街のいたるところでよく犬を見るのに対し、わが国の大都市では、特に日中はほとんど犬を見かけない。その差こそ、ミュンヘン＝ドイツ社会が広くペットを社会に受入れ、ペットが広く社会進出を果たしていること、それに対し、わが国の社会が、ペットに対して閉鎖的で、ペットが社会に進出していないことの見事な反映なのである。それは単に犬だけの特殊な問題ではない。生活者という視点からとらえた都市問題も、同時にそこに凝縮しているのである。その点について、ごく簡単に検証することにしよう。

首都圏における人口の都心への回帰現象に象徴されるように、都市中心部における人口の空洞化＝ドーナツ化現象は、一部に変化の兆しが見られるものの、人がそこで生活できる条件が整っているかという点で、基本的に状況は変わっていない。人口の都心や都市中心部への回帰現象といっても、不動産をめぐる状況との関係で都心や都市中心部に高層の集合住宅が建設され、そこに人が入居するというだけであって、それ以外の状況にはそれほど大きな変化はない。確かに、それらの集合住宅は、建物全体も、個々の居住部分（専有部分）も、よく工夫がされているし、超高層や高層ビルから見る都市の景観は見事なものであるが、それらについてどれだけよく工夫がされていても、人の生活は、決して建物や建物群だけで完結できるものではない。一言で言うと、現在の人口の都心や都市中心部への一部の回帰現象は、いわばピンポイント現象であり、買物、病院、学校その他の施設、生活道路や公園など、日常生活に必要とされるものが、現在の都市中心部には不足しているのである。そして、その不足するところ、つまり都市中心部における人口の空洞化＝ドーナツ化現象を進めてきた都市の構造は、地価の下落という要因を除くと以前にも増して大きなものになっている。人口の回帰現象はあっても、生活の回帰現象はないのである。

東京都心を中心に、わが国の大都市の中心部には、人の生活の影がうすいし、生活臭がほとんどない。パリ中心部のシャンゼリゼやフォーブル・サントノレの糞害を見ると、それこそ人の生活の影であり、文字通りの生活臭なのである。早朝と深夜、パリの中心部で犬を散歩させている人は少なくない。生活の影が見られるのは、人の活動する昼間のことなのである。

フランスでは、一九七〇年七月九日法によって、不動産の賃貸借契約や集合住宅の管理規約の中の、ペット飼育禁止の規約は無効であるとされ、そのような契約や管理規約があってもペットを飼えるとされているので、パリの中心部においても、犬や猫を集合住宅で飼っている人は少なくないのであり、犬を散歩させている人の姿を見かけることができるのである。そのパリも、ロンドンやミュンヘンと同じように、中心部近くにブローニュの森という大庭園・大公園を擁している。このように、ヨーロッパの大都市は、ほぼ例外なく、中心部のほど近くに自然ないし自然を感じさせる大庭園・大公園を擁していて、大都市の居住者の日常生活で不足しがちなものを補い、バランスのとれた生活を送れるよう工夫されている。都市居住者の生活にとって、大庭園・大公園の持つ意味は大きいのである。

わが国の場合、中心部の近くに大庭園・大公園をそなえた大都市がどれだけあるだろうか。たとえあったとしても、その多くは観賞用であり、思い思いに利用するためのものではない。大都市居住者に対する生活面での支援という点で、公園に多くの役割を望むことはできないのである。現状を考えると、わが国の大都市の中心部の近くに新たに大庭園・大公園を作ることなど望むべくもない。

散歩、ジョギング、サイクリング等については、線の工夫と面の感覚を利用者が持てるようにするとともに、児童公園の役割を再点検し、利用者と利用範囲を拡大し、また、教育施設を含めた公的施設の一層の有効活用策を検討すべきである。これまでの公的施設の利用については、安易な事なかれ主義が横行し、管理が中心で、利用者の意思や希望を尊重した有効活用などとは程遠い状態にあった。それぞれの施設の機能的な役割分担を進めれば、理想とは距離があるとしても、ある程度のことはできるはずである。それ以外のまちづくりについても、生活重視という視点から再点検すれば、かなりのことが見えるし、またできるはずである。

都市の日常生活を考えるうえで最も重要なものは、道路と、交通などの移動手段である。そのうち道路についていえば、街路は、車道重視から歩道重視に基本姿勢を転換すべきである。その具体策として、道路端にある電柱を地下に埋設するとともに、立看板その他の

ジョギング中の女性と犬
（フランス，パリ・ルーブル美術館のすぐ前にて）

パリでは，中心地でも，朝と晩を中心に，このような姿をよく見かける。都心にも人の生活が感じられるのである。人の住みやすい街は犬にも住みやすい街であり，人の住みにくい街は犬にも住みにくい街である。わが国の大都市の中心は人も犬も住みにくい。

障害物を撤去するなど、歩道の幅員確保につとめるのが第一歩である。もちろん、その幅員は、車椅子などの移動具や歩行補助具を利用する人が移動しやすく、子供、高齢者、犬の散歩にとって安全が確保されるものでなければならない。段差を設ける場合には、あらゆる利用者への影響を考え、歩行者がすべらない工夫や、幅員や段差以外の道路の安全性についても検討を重ねなければならない。それらすべてに対応できてこそ、その道路は安全だといえるのである。

次に、交通などの移動手段についてであるが、移動者のあらゆるニーズについて徹底的な分析を行い、公共交通機関だけでもそれに対応できるだけの都市交通システムを考えなければならない。それができてこそ、公共交通機関の名に値するのであり、移動者が、特殊な条件を充足しなければならないような場合を除き、すべての移動に公共交通機関が利用できるのである。それに成功すれば、都市におけるほとんどすべての交通問題は解決され、新たな需要を喚気し、公共交通機関の赤字解消にもつながるはずである。

現在のわが国の多くの公共交通機関は、マイナスの循環に陥っていると思える。利用者として不便であるという側面と、財政の赤字部分を負担しているという二つの側面において、市民にとって好ましくない状況が生れている。利用者として便利になるとともに、赤

地下鉄（Uバーン）の車輌の中の犬
（ドイツ，ミュンヘンのUバーンにて）

ヨーロッパの都市では公共交通機関でペットを見かけることは多い。パリの地下鉄のように，規則上一応制限のあるところもあるが，ミュンヘンのように制限のないところも多い。椅子の下が犬達の定位置である。

字が解消され負担から解放されることになれば、市民としてそれほど良いことはないのである。

公共交通機関へのペット同伴の可否についても、基本的に人の日常生活においてペット同伴で移動する必要があるのかないのか、必要があるとしてどのような場合に必要であるのか、それを認めることによってペットの飼い主にどれだけの生活上の便利さが生れるのか、それを認めることによって他の乗客にどれだけの負担を強いることになるのか、それを回避するにはどのような条件を充足する必要があるのかといったことについて、徹底的に検討し、その結果に基づいて判断すべきである。さしあたり、利用時間、利用路線、利用車両ないし利用座席などを限定し、しつけや訓練、人畜共通感染症対策、手入れなどの条件を充足する犬については、同伴を認める方向で検討すべきであろう。

ペットをめぐる社会状況は大きく変化してきているのであり、公共交通機関においても、これまで通りにただ漫然と「同伴を認めない」という姿勢をとり続けたのでは、公共交通機関としての使命をまっとうしているとはもはや言えなくなってきている。そしてペットは、公共交通機関の制度改革の一つのテーマである。それ以外にも多数存在するそれぞれのテーマにどう対応するか、今こそ姿勢が問われている。

盲導犬とその使用者
（ドイツ，ミュンヘンの英国庭園にて）

英国庭園の池畔を散歩する盲導犬とその使用者にとって，この大庭園は格好のいこいの場所である。眼の不自由な人にとっても，おいしい空気，鳥のさえずり，木の葉のささやき，なんとも心地よい日和である。

ホテル、レストラン、その他不特定多数の人が利用する施設についても、利益という側面からの得失もさることながら、それぞれの施設に期待される社会的役割を考慮して、ペットの同伴を認めるかどうか、それを認めるとして利用上の条件をどうするかなど、しっかりと現実を検討し対応を決めることが肝要である。

都市という点に限定すると、集合住宅におけるペット飼育の可否は非常に大きな問題である。既に指摘したように、わが国のほとんどの大都市は、中心部近くに自然の大庭園・大公園を擁していない。したがって、大都市においては、ねずみ、からす、はと、すずめなど、人の生活のシステムを利用しながら生命を維持している限られた動物以外に、野性の動物が住む環境は著しく不足している。

都市においては、ペットこそ人のすぐ側にいる唯一の動物なのである。ペットは都市生活者にとって非常に重要な存在である。しかも今では、ただ単に「動物が好き」、「ペットが好き」というのでなく、少なからぬ飼い主にとって、ペットは人生の伴侶や家族の一員になっている。その傾向は、都市における人間関係の希薄化、流動化、複雑化、さらには少子高齢化や独居化などとの関係で一層強くなっている。多くの人にとってペットと共に暮らすことの意味は非常に大きい。また、最近の研究で、ペットと共に暮らすことによるプラスの効果が明らかにされるとともに、ペットから学ぶことの多さや大きさも指摘されている。そうすると、そのプラスの効果は、飼い主に限定されるのではなく、多くの都市生活者に及ぶのである。

他方、都市においては、集合住宅は最も一般的で重要な住宅のかたちになっている。現在では、東京二三区を筆頭に、大都市の多くで、集合住宅が全住宅の過半数を占めるようになりつつある。そのような状況の中で、集合住宅でのペット飼育を禁止し、ペットを集合住宅から閉出すとなると、実質的には、都市生活者のすぐ側にいる唯一の動物であるペットを都市から閉出すに等しいことになり、そのマイナスの影響は非常に大きい。つまり、実質的に、都市生活者から動物と触れあえるすべての機会を奪うに等しい状況を生むことになる。

少子高齢化だけでなく、経済の成熟化にともなう成長の鈍化も、生活のスタイルに大きな影響を及ぼす。そこでは、これまで以上に日々の生活のうるおいが重要な役割を演ずる。ペットブーム、ガーデニング・ブームはその一端を示す。ペットとの日々の触れあい、草木との触れあいによって知る季節のうつろい、そのような小さな喜びのつみ重ね、小さな発見が、これからの都市生活者にとって大切なものになってくる。

日本の大都市をヨーロッパと同じ状態にすることはできないし、すべきでもない。しかし、ヨーロッパの都市は、日本の都市生活者にとってなにが不足しているか、また、なにが必要とされているかについて、さまざまな材料を提供している。日本の社会は、ヨーロッパの都市から多くを学ぶことができる。

三　パリ市の糞害対策

洋の東西を問わず、ペットの糞害対策は大きな課題である。二〇〇〇年六月に実施された世論調査でも、「ペット飼育による迷惑」という質問項目に対し、「散歩している犬のふんの放置など飼い主のマナーが悪い」という回答が五八・一%、「ねこがやって来てふん尿をしていく」という回答が四〇・九%と、それぞれ一、二位を占めている。どちらも、非常に大きな数字である。

それだけ多くの人が迷惑を感じているにもかかわらず、わが国では、国レベルでこれといった対策が講じられていない。超消極的な姿勢であるといってよいであろう。世界の先進国では、糞害追放のキャンペーンを展開したり、糞の始末をしない飼い主に対し罰金を科しているところも多いが、わが国は、基本的にどちらもしていない。都市レベルで見ると、ロンドンのハイドパークやケンジントンガーデンのように犬の糞専用のゴミ箱を設置しているようなところもあるが、なんといっても、この問題に対し最も積極的に取組んでいるのはパリ市である。

パリ市は、いうまでもなく花の都、世界屈指の観光都市である。そのパリで、草木の花ならぬ、路上に犬の糞の花が咲いているとなると、イメージダウンもはなはだしい。パリ市が、糞害対策に積極的に取組んでいるのには、市民の日常生活の快適さ確保に加え、そのような背景があるものと思われる。

ちなみに、フランスでは、犬の糞の始末について第一次的に責任を負っているのは飼い主（犬の占有者）であり、もし飼い主がその責任を果たさないとなると、最高三〇〇〇フランの罰金が科せられる。他方で、最終処理については、自治体の長、つまりパリ市においてはパリ市長が責任を負っており、それを根拠にして、パリ市は、これまでさまざまな糞害対策を講じてきた。しかし、数々の努力にもかかわらず、いずれの対策も必ずしも期待通りの成果を得られていない。

最も大きな理由は、「糞の始末を必ずする」という人が約二〇％に過ぎないという、犬の飼い主の意識の低さである。ちなみに、「絶対に始末をしない人」が約二〇％、残りの六〇％は、「他人が始末をするのであれば自分もする」というのである。これでは、パリ

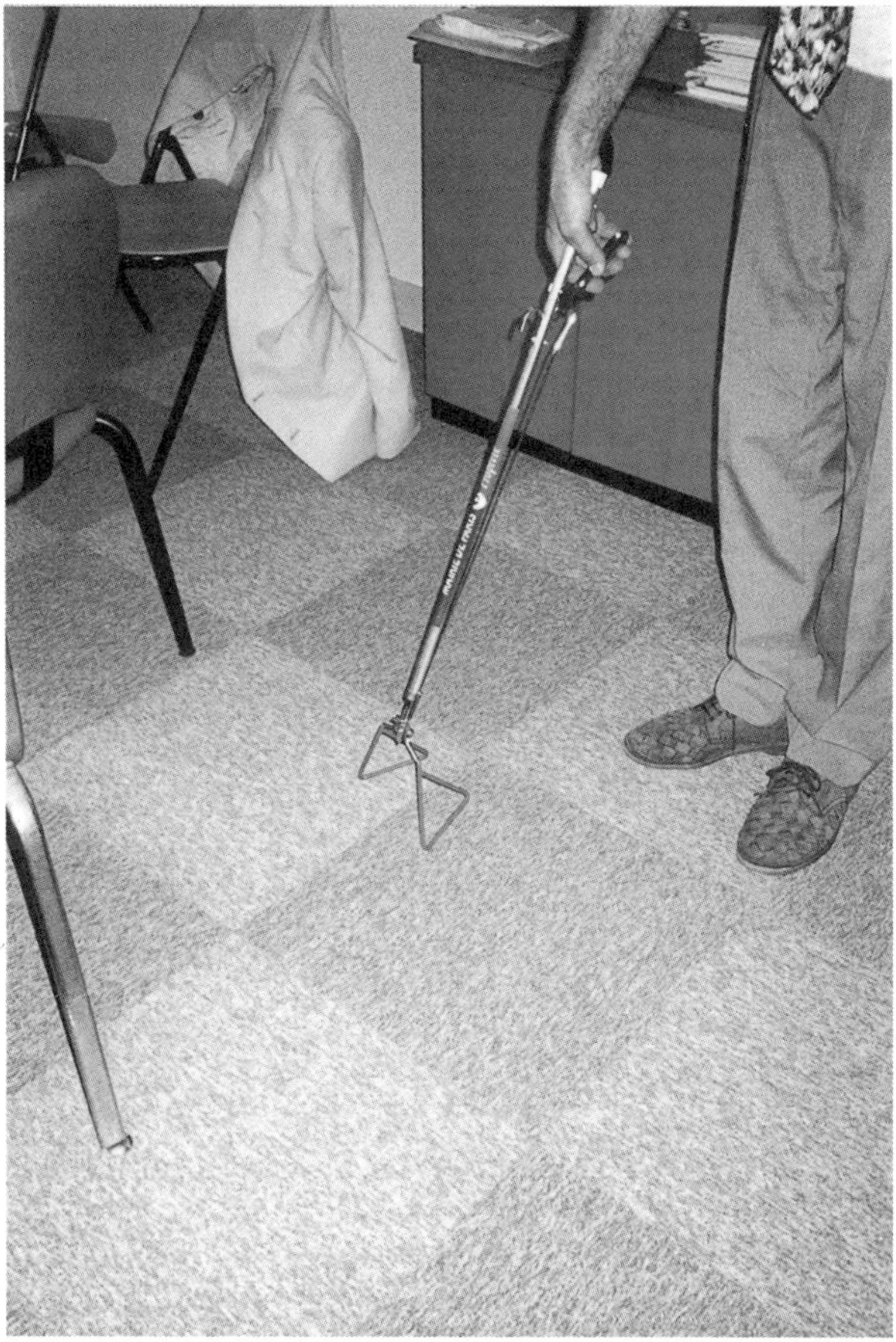

パリ市の考案した犬の糞処理の道具
（パリ市清掃局〔環境衛生局〕にて）

犬の糞害対策の総本山パリ市清掃局は，世界の都市の中でも犬の糞害対策に最も熱心に取組んでいるところだけに，職員の熱意を強く感じる。ただ，いかに職員が熱心であっても，飼い主が自覚するのでなければ糞害は決してなくならない。

市がどのような努力をしたとしても、それほど大きな効果があがるとは思えない。その数字をいかにして動かすかが大きな課題なのである。

パリ市もそのことは十分わかっているようで、これまでに三度にわたり、大々的な糞害追放キャンペーンを行ってきた。そこで使われたポスターなども、回を重ねるごとに内容をエスカレートさせ、最も新しいのは、子供や障害者を用いたどぎついもので、目をおおうパリっ子も多かったようである。

それとは別に、パリ市は、さまざまな形での糞処理の努力をしてきた。まずはゴミ処理一般の方法として、カニゼットが用いられ、早朝に清掃が行われている。カニゼットというのは、道路の歩道と車道の段差を利用し、歩道横に水洗の水の出口を設け、車道端のゴミを洗い流す設備である。パリ市では、カニゼットの設けられた道路では、そこでした犬の糞の不始末に対しては例外的に罰金を免除してきた。しかし、そこで犬に糞をさせる飼い主が少ないうえ、水洗の設備といっても、一日に一度、午前中に水を流して清掃するに過ぎず、あまり有効な手だてとはならなかったのである。道路の清掃は、早朝の暗いうちから行われ、かなり徹底的にされるが、これも一日に一度しか行われないので、効果は限定的である。

その次に、モトクロットの愛称でパリっ子に親しまれている、カニントと命名された糞処理専用のバイクを用い、小さなバキュームで糞を吸引して回る方法が考案された。このユニークな処理方法は世界的に有名になり、わが国のマスメディアでも、何度となく取りあげられた。しかし、その知名度とは別に、効果は意外に小さいようである。カニントは、パリ市の清掃局が外注しているのであるが、費用が年額三〇〇〇万フランと安くないうえ、パリ市の路上の糞の総量のうち二〇%しか回収されていないのである。二〇〇一年四月の選挙によって選ばれた左派の新パリ市長は、このカニントを廃止する方針を決定した。効果の小さい現状からすると、やむを得ない選択なのであろう。

パリ市の努力はさらに続く。その一つは、中低位の所得者向けの高層集合住宅が多い下町の一三区に、車道、歩道、駐車スペースなどを利用した犬専用のトイレを試験的に設けたのである。このトイレの設置にあたり、パリ市清掃局は、糞害対策と犬専用トイレの必要性や、犬の飼い主のマナーの向上を地域住民に説明し、議論をし、多くの住民から理解を得たという。そして、この犬専用トイレに限っては、一日に数度、糞回収が行われる。そのトイレを実際に見てみると、予想していたよりは清潔であるし、スペース確保の問題はあるとしても、設備に多くの費用がかかっている様子はない。その点はよいのだが、肝心のトイレの効果そのものに、問題がなくはなさそうである。トイレのすぐ横に犬の糞が転がっているし、トイレから少し離れると、他の地区と特に違ったところはなく、あちこちに糞が始末されないまま放置されている。

トイレの設置場所が、車道内か、歩道内か、それ以外のあき地かによって、それぞれ、カニカナン、トゥロットカナン、エールカナンと名付けられた犬専用トイレも、興味ある試みではあるが、あまり成功してはいないようである。

パリ市清掃局は、さらに、街のあちこちに専用のスタンドを置き、犬の糞処理専用のビニール袋を飼い主に提供したり、職員用の糞処理の道具を考案したりと、涙ぐましい努力を重ねてきた。

そのパリ市が、左派の新市長誕生を機に、糞害対策についての政策を大幅に変更し、飼い主の責任をこれまで以上に重視する政策に転換しようというのである。その様子を、二〇〇一年六月二二日付のフィガロ紙は、つぎのような記事にまとめている。

現在、パリ市の犬が用をたす糞の総量は一日一五トン、その処理のためにパリ市が支出する予算は年間六千万フランから一億フラン、一九九六年実施のパリ市の調査では、糞一キログラムあたりの処理コストは三七フラン、糞一個あたりでは約三フランになる。他方

犬の糞処理専用のビニール袋スタンド
（フランス，パリの街頭にて）

パリ市は世界一糞害対策に熱心なまちである。街路に専用スタンドを置き，飼い主がいつでもビニール袋を利用できるようにしている。今後増設するとも言われているが，現在のところ，まだ設置場所が少ないこともあり，あまり効果は発揮されていない。

で、二〇〇〇年度に糞の不始末によって切られた反則切符は二三〇〇枚、一件あたりの罰金の額は千から三千フラン、それでも、フランス・フランに換算して最高八万フランにのぼるスイスなどに比べると、まだまだ低い額である。

犬の糞ですべって怪我をし、入院するパリジャンの数は年間六五〇人、こうなると散策者にとってパリの道路は戦場のようなもので、幅跳びやステップなど、かなりの平衡感覚と柔軟性が要求される。このような現状では、パリジャンが鼻を上に向けて歩くのは望むべくもない贅沢である、と現状を指摘し、パリ市は、二〇〇一年末に、今一度大々的な糞害追放キャンペーンを行ったうえ、これを飼い主に対するパリ市の最後通牒にして、二〇〇二年の春からは、飼い主による愛犬の糞の始末を徹底する予定だとしている。具体的には、反則切符を切る権限を持った契約職員を配置し、違反者に目を光らせるというのである。

フィガロ紙の記事はここまでであるが、パリ市の清掃局やパリ一三区の清掃局の広報担当者の話では、カニントは将来的になくすとしても、犬の糞処理専用のビニール袋のスタンドや犬専用トイレは、これから充実させる予定だという。パリ市とすれば、飼い主が糞の始末をしやすいように支援はするが、飼い主は責任をもって始末をせよ、という強い姿勢を示しているのである。随分長い道のりであったが、ここに来てやっと本来あるべき姿に立戻ったようである。支援策にはあれこれ知恵を絞る必要があるが、犬の尻ぬぐいを、飼い主そっちのけでパリ市がする必要はないし、それをしたとしても問題の根本的な解決にはならない。愛犬の糞の始末、尻ぬぐいは飼い主がする以外に方法はない。

パリ市が、犬の糞処理について飼い主責任を強化する基本方針を打出したのであるが、現段階では、その詳細はまだ明らかにされていない。糞害追放キャンペーンは、年末に実施されるとなると、四度目になるのであるが、これまでのキャンペーンをどのように分析しているのか、それとの関係で今度はどのようなものにしようというのか、キャンペーンによって誰になにを働きかけようというのか、これまでに十分過ぎるほどの分析資料や判断材料を有するパリ市の実施するものであるだけに、大いに興味があるし、また、期待も持てる。パリ市の立てているスケジュールからすると、このキャンペーンが、糞の始末をしないふらちな飼い主に対して、実質的な意味での最後通牒になることは明らかであり、パンチのきいた威力のあるものになるはずである。そうでなければ、多額の費用を使って何度同じことを繰返すつもりかと、パリジャンの冷笑を浴びるはずである。

糞の始末をしない飼い主に対する罰則の適用強化のため、契約職員の制度を導入するとのことであるが、雇傭対策であればともかく、効果をあげるためのものであるとすれば、一時期に徹底的にすべきである。糞の始末というのは、習慣性の強いものだから、一度身につけば、罰則とは関係なく続行されるであろう。

四　ペットと行政の役割

ペット行政は、ペットを中心とする動物愛護思想の啓蒙・普及、特に動物虐待や遺棄の防止、飼い主に対する適正飼育の奨励、ペットに対する社会的理解と受入れの推進、ペット産業の適正性確保など、極めて多岐にわたる。他方で、ペット飼育をするかしないかは個人的問題であり、ペットは経済活動に参加しないしさせることもできないという性質を有していることから、行政はペット問題への対応を基本的に個人と社会にゆだね、行政がその問題にかかわることに対しては消極的であり、また、対応は例外的であった。少なくとも、近代国家の出発点における行政のペット問題に対するスタンスは、そのようなものであった。

しかし、ペットの重要性が高まり、ペットと社会との関係が深まるにつれ、そのような消極行政に対する見直しが進められ、必要に応じ積極的対応がされるようになった。ただ、積極的対応といっても、ペットのように個人的であって経済活動にかかわりのない分野については、人も予算も多くは配分されず、限定的になりがちである。

そのような状況の中で、世界的に見ても特筆すべきなのが、パリ市の糞害対策である。糞害は、確かに、どこの国においても、ペットに関する最も重要な問題の一つであるが、基本的にペットの飼い主によって問題の解決がはかられるべきとの考えから、飼い主のモラル向上の方策が講じられたり、糞の放置に対する取締りが強化される程度で、行政が直接糞処理をするような方策はとられなかった。その考え方を改め、行政が直接犬の糞処理に乗出したのがパリ市である。

パリは、光の都、花の都、世界一美しく魅力にあふれた都市であると自認しているだけに、もともと街の美化には熱心であった。また、フランスは、ペットを飼っている人の多い国である。フランス農水省が出しているペットに関する小冊子の中の数字、飼われている犬の数七八〇万頭、猫の数八二〇万頭を基に計算すると、七割以上の家庭で犬か猫が飼われているという大変な数字になる。それらの家庭にとっては、糞害は決して他人事ではないのである。そのような事情が重なって、パリ市の積極的な糞害対策は、比較的多くの市民の理解を得られたのであろう。

ただ、それも効果があがることが前提になる話であって、効果があがらないとなると話は別である。パリ市における糞害の実態、糞害対策の内容、対策に要する費用、対策の効果は既に指摘した通りである。パリ市の対策は、どれも非常に斬新で、興味の持てるものではあったが、必要な費用の割に、十分な効果があげられなかったのである。そうなると、パリ市の積極的な糞害対策に寄せられた市民の期待は減退し、支持も低下する。そのようなことからすると、政策の転換はもはや時間の問題であったわけで、新市長が、新機軸を打出すために無理をして政策転換をはかったわけではなく、旧市長の下でできなかった決断をしたまでのことなのである。

積極的な糞害対策をするについて、好条件を備えていたパリ市でさえ政策転換を余儀なくされたことにより、今後、この種の積極策は世界的に影をひそめるであろうし、既に指摘したような様々な状況から考え、その方向は基本的に間違っていない。

他方、わが国はというと、パリ市のように積極的に糞処理をするのでもなければ、飼い主に糞処理を求めているわけでもない。行政はなにもしないまま、だんまりを決め込んでいるのである。唯一していることはと言えば、飼い主の努力目標を定めた「犬及びねこの飼養及び保管に関する基準」を設け、飼い主の注意を喚起しているぐらいである。世界的に見ても、極端に消極的な姿勢といってよいであろう。ここまでくると、今度はパリとは逆の意味で問題がある。

現在の一般的な流れは、スイスのように、場合によっては一〇〇万円を超える罰金から一万円以下のものまでさまざまであるが、糞の始末をしない飼い主に罰金を科すことによって、飼い主の責任を明確にしようとしている。これは、行動の自由は保障されるが、個人が行動する場合には他人に迷惑や損害をかけないように注意しなければならないという自由主義社会の基本的ルールとの関係で、極めて合理的かつ妥当な解決方法である。かつて、わが国では、ある時間になると、犬を家の外に出し、勝手に用を足させている飼い主の多かった時期もあるが、今は、余程人里離れた場所で、車社会とは遮断されているところででもない限り、犬だけで散歩をさせ、用を足させる飼い主はいない。

犬と散歩をしている飼い主にとっては、愛犬のした糞の始末をするのは、なんの雑作もないことである。散歩の際、糞処理に必要な簡単な道具と材料を持ち歩き、犬が糞をすれば、それで始末をして家に持ち帰る。極めて簡単なことである。糞処理について責務を負い、それを簡単に実行できる飼い主に対し、すべきことをしなかった場合に罰金を科するとしても、当然の話であって、批判されることはないはずである。ただ、罰金の額につい

公園のポスト状の犬の糞専用のゴミ箱
（イギリス，ロンドンのハイドパークにて）

ロンドンの公園にはこの種のゴミ箱が多数設置されている。それでも時間帯によっては，このようにビニール袋が入りきらなくなっている。ロンドンの飼い主はマナーを守っているようである。

ては、微罪を定めた軽犯罪法などとのかねあいもあるので、最初からあまり大きな額にするのは適当ではないであろう。

法律で罰則を定めたからといって、罰則を厳しく適用するのは、システムの現状からみて無理であろうが、少なくとも飼い主の責任を明確にし、罰金を科すことによって責任を追及するという姿勢を示すだけでも意義がある。そして、とりあえず、動物愛護管理法の中で定められている、動物愛護推進員の活動の一つとして、糞の始末をしない飼い主に対して指導をすることから出発するのも、検討されてよい方法である。

これまで、わが国の行政が、ペットの問題に対して超消極的な姿勢をとり続けたのは、人や予算の問題もあるが、多くの具体的な問題について世論が分かれ、その動向が見極め難いということもあった。しかし、ここに来て、基本的な世論の流れが見えだしたうえ、いくつかの問題については、世論の動向が明確になってきている。その中で、特に重要なものをあげると、動物虐待と遺棄に対する厳しい眼と、飼い主の責任に対する明確な認識である。

動物虐待については、動物愛護管理法によって罰則が大幅に強化された。残るは飼い主責任の明確化である。その中でも、最もコンセンサスの得やすいのは、飼い主による糞の始末の問題である。この問題への適切な対応さえできないとすれば、行政の姿勢そのものに対し、今以上に厳しい目が向けられることは必定である。

この問題を足がかりにして、できるところから問題の解決を進めるか、これまでの超消極的行政を続けて国民の批判を浴びるか、今、その大きな岐路に立っている。どちらの進路を選ぶかは、行政自身が決めるべきものであるが、現在の社会の要請、ペットの問題に対する変化の方向性を見誤らないようにしてほしいものである。

五　ヨーロッパの動物愛護団体

　そのようなところばかり訪問しているからかも知れないが、ヨーロッパには特徴のある活動をしている動物愛護団体が多い。その一つは、ドイツ・ベルリンのランクヴィッツ動物保護施設である。設立一〇〇周年を機に、ベルリン郊外に世界一の壮大な動物保護施設を建設中で、本書の刊行される頃には竣工の予定である。敷地の面積は一六万平方メートル、サッカー場にすると三〇個分、かなりの規模の大学一つがすっぽりと入ってしまう広さである。

　そこにイベント棟、獣医療棟、事務棟、居住棟、犬舎棟、猫舎棟といった巨大な建造物が軒を連ねている。二〇〇台の自動車の駐車が可能な駐車場から中央門をくぐると、門を扇のかなめにして九〇度の角度で右側にイベント棟、獣医療棟、事務棟、居住棟が連なり、左側には全長二〇〇メートル以上はあろうかと思われる猫舎棟が続いている。

そして、正面に、巨大な円形の建物が目に入る。四つの大きな人口池に囲まれた円形のこの建物は犬舎棟で、中央に直径五〇メートル程の犬の運動場を設けた周囲には、数多くの円形の犬舎が建てられている。個室はすべて床暖房で、個室一つ一つには外気に触れることのできる一〇平方メートル程度のオープンスペースが付けられ、そこには温水シャワーも設けられている。なんとも贅沢な犬舎である。中央の運動場は、普段は犬舎に住む犬達のドッグランとして使われ、ここでは有料の犬のしつけ・訓練の教室である犬の学校も開かれる予定だという。

左側の長屋風の猫舎棟は、個室または数頭の共同部屋に区分されている。こちらは床暖房ではなく空調設備が完備されており、各部屋は、猫の上下運動に対応できるようにさまざまな工夫がされている。また、孤独を愛する猫でなく協調性のある猫については、互いに訪問できるような工夫もされている。

これだけでも驚くに値するが、右側の建物群はさらにすさまじい。まず、中央門のすぐ横はイベント棟で、水路から水を引入れることのできる施設は最大四〇〇名を収容できる。ここでは、動物愛護に関するイベントを中心に、ランクヴィッツの主催するさまざまなイベントが開催される。雨の日には、来訪者がここで昼食をとったりおやつを食べたりすることもできる。動物保護施設で昼食をとることなど、他ではおよそ考えられないことであるが、この点については、後に触れるように施設の代表者フォルカー・ヴェンクさんの考え方が強く反映されている。

イベント棟の横は診療棟で、天井の高さを除くと小規模の講堂か体育館ほどはあろうかという広さの診療室は、まだ部屋の仕切も、医療機器その他なにも入れられていない状態なので、どのようなものになるのか十分に理解することはできなかったが、外来用と施設用に分けられ、それぞれが犬用と猫用に区分され、全体的に獣医療に必要な設備や機器が完備されるとのことだ。

診療棟に続いて犬用と猫用に分けられた病棟が建てられている。病室はいずれも個室で、相部屋というのはない。病棟で特筆すべきは猫病棟で、猫には空気感染する感染症の多いことを考慮し、換気はすべて外気によって行われ、個室相互間での空気の流通は完全にシャット・アウトされているという。この施設では、収容する動物に対し、そこまで配慮がされているのである。

ランクヴィッツで収容するすべての犬と猫は、まず簡単な健康診断を受け、治療の必要なものは治療を進めつつ、特に感染症の検査の結果が出るまでは新規収容棟の個室に入れ

動物保護団体の巨大な施設
（ドイツ，ベルリンのランクヴィッツ動物保護施設にて）

ベルリンの動物保護施設ランクヴィッツの新しい施設。世界一の広さと内容を誇っている。このような施設の建設も，その後の運営も，多くの市民の理解と協力なしにはできないのであり，そこにヨーロッパの動物愛護活動の広がりと奥の深さを感じる。

られる。結果が出れば、病気やけがの治療の必要なものは病棟に、そうでないものは一般棟に入れられる。一般棟の場合には、個室と相部屋があるので、それぞれの犬や猫の性格や相性を考えて、個室にするか、どの相部屋にするかが決められる。その後も観察を続け、場合によっては部屋替えなども行われる。いずれにしても、約六〇名の職員が、収容された犬や猫の世話にあたるのである。

本来の事務施設に加え、図書室、談話室、食堂、警察官詰所まで設置されている事務棟と居住棟については、説明を省略したい。

設立一〇〇周年の記念事業としてこのような施設を建設するにつき、ランクヴィッツの活動を支援する二万人の会員の中に、異論がなくはなかったようである。施設を拡大することに対しては特に異論はなかったが、一部に施設が立派すぎるという意見があった。しかし、その点については、ヴェンクさんにはヴェンクさんなりの確たる考えがあった。

ヴェンクさんによると、立派な施設は、施設内の犬や猫の待遇を改善するだけでなく、里親探しにも貢献するというのである。つまり、これまでの施設はあまりにも状況が悪く、また、収容されている犬や猫の世話や手入ができていないため、多くの人の足を遠のけ、里親になる意欲を減退させているという。そのような既存の動物保護施設が持つマイナスのイメージを完全に払拭し、逆に、プラスのイメージを与え、ごく気軽に施設を訪問してもらい、安心して里親になれるという気持をもってもらいたいのだと言う。そして、里親を希望する人がいれば、里親としての適格性を備えているかどうかチェックする必要はあるが、それ以上に大切なことは、譲渡後のアフター・ケアだという。いずれも、非常に説得力のある言葉である。旧施設においても、ランクヴィッツ動物保護施設は、そこに収容された動物を里親に譲渡する比率の高いところであった。新施設になれば、それがさらに高まりそうである。

ランクヴィッツで目についたのは、収容されている犬や猫一頭一頭について、収容後に要した費用を項目ごとに記載したカードを、見えやすい場所に掲示していることである。それについてのヴェンクさんの意図と私の理解の間には微妙なズレがあるようだが、私の理解では、一方では、ランクヴィッツの活動を支える二万人の会員への説明責任の手だてとして、他方では、譲渡を受けようとしている犬や猫が、どれだけの善意と金銭を費やして命をつなぎ今日に至っているものであるかを、里親に理解してもらう方法として行われているのである。

現在では、ヴェンクさんの考え方は、ランクヴィッツ六〇名の職員に理解され、二万人の会員からも支持されている。あとは、この新しいランクヴィッツ動物保護施設が、ヴェンクさんの考え通り、多くのベルリン市民に理解され、市民の訪問を受けることである。そして、ランクヴィッツで譲渡される犬や猫は良い条件の中で生活しているので素晴しい、という評価が定着することである。そうなれば、ドイツは言うにおよばず、ヨーロッパ、そして世界の動物保護施設は大きく様変りするはずである。壮大な実験であるが、その背景には、おそろしく緻密な計算がある。

ベルリンのランクヴィッツ動物保護施設以外にも、数多くの注目すべき動物愛護団体がある。ロンドンに本部を置き、世界九二カ国の四〇三会員団体が参加して、世界的な動物愛護活動を展開する「世界動物保護協会（WSPA）」、約二〇〇支部と五〇万人の活動サポーターを擁し、二〇〇万人以上の資金サポーターから集められる、年間一〇〇億円以上の活動資金を用いて、多彩な動物愛護活動を展開するイギリスの「王立動物虐待防止協会（RSPCA）」、パリに本拠を置き、ごく少数のスタッフながら、五〇〇万人の視聴者を誇る、財団と同名のテレビ番組と、やはり財団と同名の、発行部数一五万部の市販月刊誌を通じ、広く社会に動物愛護の必要性を訴え、幅広い支持を集める「三〇〇〇万コンパニオン・アニマルの友人（Fondation 30 Millions d'Amis）」は、それらの中のごく一部であ

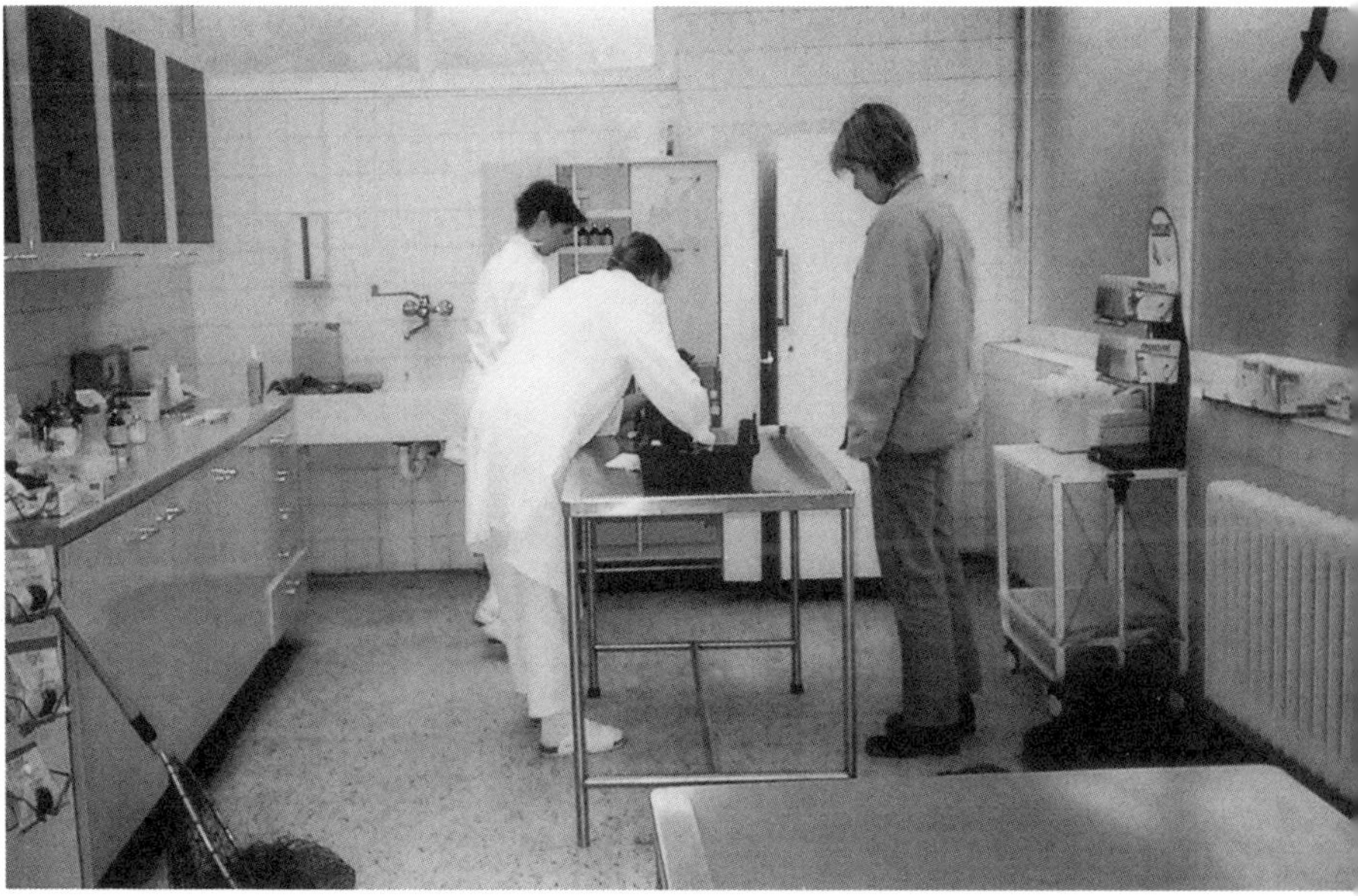

動物愛護団体の付属獣医療病院で治療にあたる獣医師
（ドイツ，ベルリンのランクヴィッツ動物保護施設の旧施設）

ランクヴィッツ動物保護施設だけでも10人以上の獣医師が連携し，獣医療にあたっている。欧米では，このように獣医師が動物愛護団体に協力する例は数多く見られる。わが国は，動物保護施設そのものが非常に貧弱であるうえ，連携の社会システムもまだまだ不足している。

る。

動物愛護先進国といわれるヨーロッパの国々でも、動物愛護ないし動物福祉を含めたペット行政となると、行政の組織は小さく、それに携わる人の数も限られている。その結果、行政の役割は政策の策定が中心になり、実施については民間の協力が必要になる。もともと、ペットの問題は、人の生活に深く根ざしたものであり、日々の営みの中からさまざまな問題が生ずるのであるから、それらの問題に効果的に対応するためには、地域住民の協力が必要不可欠である。

その点で、地域に深く根ざした活動を展開し、問題への対応のノウハウを蓄積し、地域に多くの支援者や支持者のいる動物愛護団体との連携は重要であり、その連携の成功・不成功によって、ペット行政の成功・不成功が決まるといっても過言でない。そして、それらの国々の経済や財政を考えると、地域の支援者や動物愛護団体との連携の傾向が強まることはあっても弱まることはない。動物愛護団体の果たすべき役割は大きいのである。

ランクヴィッツ動物保護施設の内部

円形の巨大な犬舎棟は，４つの防火水槽を兼ねた人口池で周囲をかこまれている。その左側に連なるのがイベント棟，獣医療棟，事務棟であり，犬舎棟の向こうには長屋風の猫舎棟がある。現在は木々の緑も池の水もないが，建造物には野鳥に対する配慮もされているので，いずれは，鳥の鳴き声や水遊びをする姿を楽しむことができるはずである。

六　わが国の動物愛護団体

わが国は、動物愛護を含めてペット行政に携わる組織が小さく、人も少ないという点は、これまでたびたび述べてきた。そして、ただでさえ組織が小さく、人も少ないことに加え、関係省庁が多岐に分散している。そのような状況が、わが国の行政がこれまでペット問題に対して、極めて消極的な姿勢をとり続けてきた最も大きな理由の一つであった。

ヨーロッパ諸国には、行政の活動を補う強力な動物愛護団体が存在し、行政の不足を補ってきたが、わが国には、現在のところ、ヨーロッパの有力な団体に比肩できるほどの団体はない。わが国の動物愛護団体は、数という点ではかなりの数にのぼるが、いずれも、企業でいえば大半が零細企業で、いくつかある法人組織の動物愛護団体も、まだ小企業の域を出ない。そのような状況であるから、当然、活動の規模も内容も限定的であるうえ、組織相互の連携や役割分担も十分には調整されておらず、全体として極めて非効率なものになっている。

わが国の動物愛護団体が発展しない理由は多岐にわたるが、基本的には、社会との対話や連携が不足し、現代の社会的ニーズに応える活動が十分にできていないことである。もちろん、資金面で言えば税制上の問題があるし、活動面で言えば行政の無理解や非協力が活動に水をさす結果にもなっているであろう。しかし、最も大きな問題はというと、従来型の団体の組織そのものが制度疲労をおこし、大変革をとげつつある現代社会特有の諸課題に対応しきれなくなっていることである。

個々の組織については、新鮮な空気を組織内に取入れ、運営や活動をリフレッシュさせることも必要であるが、それ以上に大切なことは、動物愛護団体全体の連携と、統合を視野に入れた組織の再編である。それによって、全体として効率的でバランスのとれた活動ができ、ペットブームの中で拡大の一途をたどり、力を強めてきた他の分野の組織とのバランスを回復し、影響力を強めることができる。

それとともに、世界的に進みつつある、結果対応型の動物愛護活動から結果予防型の動物愛護活動に移行する組織としての実力を備えることができるのである。そうするのでなければ、ますます重要になっているペットをめぐる国際的な問題、グローバル化した現代社会特有の問題への対応ができず、現状を打破することができないのである。

一般的に言って、動物愛護団体が果たすべき役割はますます大きくなっている。その状況が将来的に変化する兆しは見られない。にもかかわらず、わが国の旧来型の動物愛護団体は、それに対応できるように体力を増強し、体質を改善する努力をしていない。旧来の動物愛護団体からの脱皮と、現代に立脚した新たな動物愛護団体の成長を望むしかない。

実際に、新しい動物保護団体が育ちつつある。それは、わが国の動物愛護や動物行政の将来にとって明るい材料である。そのような団体が、社会との連携を強め、社会にしっかりとした基盤を築き、大きく成長することを期待したい。それとともに、動物愛護団体に限った問題ではないが、民間の人材や能力を社会で活用するために、税制その他種々の支援策を早急に確立しなければならない。

七　ペット関連の仕事

わが国では、ここ十年以上にわたり、ペット産業は不況知らずの産業として大きな成長を遂げてきた。ペットショップ、ペットフード、ペットの医療など、従来から存在した産業が成長しただけでなく、新たなペット産業が生じ、現在では、ペット対応型マンションや戸建て住宅のように、考えようによっては住宅産業の一部までもが、ペット産業化しているのである。従来型のペット産業を念頭に置いて、ペット産業もようやく一兆円産業の仲間入りを果たしたなどと言われるが、新しいタイプのペット産業をそれに加えると、数字はさらに大きくなるはずである。一兆円産業というのは、その産業が未成年の状態を脱却し、成人として社会的に認知されるとともに、成人としての社会的責任を負わなければならない基準を示すのであり、非常に重要な数字なのである。

発展に発展を重ねて一兆円産業の仲間入りを果たしたペット産業であるが、今日のまれにみる経済不況の中で、ここしばらくは成長が鈍化してきている。それでも、少子高齢化、核家族化が進む中、わが子と言ってもいいほどかわいいペットのため、また、人生の伴侶、家族の一員としてのペットのためならばと、自分自身の出費をおさえてでも、出費をいとわない飼い主が少なくなく、現在の不況の割には底固い動きを示している。

ペット産業からすると、ペットを大切に思う飼い主の気持ちこそ最大のビジネスチャンスであるから、一方で、「ペットは大切な家族」と鳴り者入りではやしたて、一方で、ペットのために金をいとわず出費する飼い主が良い飼い主、そうでない飼い主は悪い飼い主、と言わんばかりのコマーシャルを流す。飼い主は、社会風潮やコマーシャリズムに流されがちで、なにをすべきかじっくり考えるゆとりがなくなっている。

ペット産業は、社会的に成人として認知されるとともに、成人としての社会的責任を負わなければならないまでに成長したのであるが、産業を支える個々の事業主体を見ると、一部の例外を除き、ほとんどが中小・零細企業であり、期待される社会的責任を果たしうるような状況にない。

もともと、ある分野の産業が成長・発展するのは、それだけの社会的ニーズが存するからであり、ニーズの大きさに比例して、その産業が社会に及ぼす影響力が大きくなる。現在のわが国の経済規模との関係で言えば、一兆円という水準の影響力は社会的に無視できなくなったのである。一兆円産業の担い手は、自らの社会的影響力の強さを自覚し、その責務を果たすのでなければ、ニーズの大きさに応じて社会的批判を受け、それ以上の成長・発展はできなくなる。ペット産業の担い手は、そのことを銘記しなければならない。

そうなると、ペット産業の担い手は、ペットを大切に思う飼い主の気持ちこそビジネスチャンスであるなどと喜んでばかりはいられない。ビジネスチャンスは同時に、産業の担い手の姿勢や行動を監視する厳しい社会の目に晒されるのである。ただ、わが国の実態はというと、ペット産業全体の規模の大きさに比べ、監視や批判の目が甘いところがあるのは否定できず、担い手の考えも姿勢も甘くなっている。その点が欧米とは異なるところであり、非常に残念なことである。

しかし、飼い主や社会の監視や批判の目が甘いうちに、ペット産業の担い手がしっかりとした考えと姿勢を持つことこそ大切で、その時期をなにもしないまま通過するとすれば、いずれ厳しい状況が生じてくるはずである。監視や批判の目が甘い間であれば、産業界ないし個々の担い手の自主規制だけで、社会はある程度納得するのに対し、それをしなかったために監視や批判の目が厳しくなれば、あわてて自主規制をしてもそれでは納得されず、法律による規制が求められてくるのである。当然、規制の内容は、法律による規制の方が自主規制よりも厳しい。早い段階で適切な自主規制をすれば、厳しい監視や批判の目は生れにくいので、法律による規制も生じにくくなるのである。ペットをめぐる社会の流れは速い。自主規制を設けるために使える時間がそう多くあるとはいえない。

現在のところ、ペット産業で法的規制が強いのは、獣医療と獣医薬品の分野であり、弱いながら規制のあるのは、ペットショップの分野である。自主規制がされているのは、ペットフードの分野であり、やや間接的であるが、ペット関連資格の分野で、資格授与について基準らしきものが設けられている。それ以外の分野については、担い手が個々に自主規制を設けているようなことはあるかも知れないが、分野内の担い手が集まって全体として自主規制を設けているような例はない。個々の担い手も小さく、分野全体の経済規模も小さく、社会的影響がほとんどない分野であれば、余程ひどい経済活動をしない限り、飼い主や社会の注意を引くようなことはないであろう。

反対に、既になんらかの形で規制のある場合でも、それに対する社会的期待が大きく、求められる社会的責任が重い場合には、さらに強く規制されることもある。獣医療に対する規制、ペットショップに対する規制、ペットフードに対する規制などがそうである。い

ヨーロッパでも珍しいペットショップ街
（フランス，パリ市のペットショップ街にて）

セーヌ右岸ノートルダム寺院をすぐ前に臨むところ、ブキニストと呼ばれる屋台の古本屋の列と道をはさむように、十数軒のペットショップが軒を連ねている。ペットショップでペットが売られているのは，ペットが物であることの証明なのである。

ずれも、既にある規制にもかかわらず、その規制に対する批判の強い分野である。これらは、ペットブームを背景に成長を続けてきた分野であり、それぞれがペット産業の中でも影響力が大きく、その姿勢や具体的な行動いかんによって社会が特に大きな影響を受ける分野である。ペットショップに対しては、飼い主や動物愛護団体からの批判が強く、獣医療に対しては、飼い主やマスコミからの批判が強く、ペットフードに対しては、専門家からの批判が強い。すべてが動物愛護管理法の規制の対象になるわけではないにしても、施行五年後の実施状況の点検と、法改正の必要性の有無を検討する一連の作業の中で、一層の規制の強化が検討されることになろう。

獣医療については獣医師会、ペットフードについてはペットフード工業会という足腰のしっかりした業界団体があるし、ペットショップについては、まだ業界団体と呼べるほど組織率が高くはないが、それでもそれらしき団体が見られるようになってきた。それぞれの分野で特に重要な問題点は、獣医療については獣医師の倫理の向上と適正な基本姿勢の確立、具体的にはインフォームド・コンセントと、獣医療報酬の適正化と明確化、さらには獣医療過誤の回避と、過誤があった場合の適切な対応であり、ペットフードについては、情報の一層の開示と課題対応型のペットフードの効能と応援であり、ペットショップについては、ペットの処遇の適切化と顧客に対する対応の適切化である。

ペット産業についてのもう一つの課題は、中小零細の事業主体の多いペット産業全体の質をいかに高めるかである。これについては、産業全体のリーダー的役割を果たしうる獣医師会やペットフード工業会が中心になって、「ペット産業の健全な発展を推進するための協議会」のような組織を創設し、関係者や学識経験者を集め、一つ一つの分野の問題点を洗い出し、適切な対応策を協議すべきであろう。

ペット産業全般について言えば、現在のわが国の規制は、欧米諸国と比較するまでもなく、まだまだ甘い。そのように規制の弱い中で、ペット産業全体の規模は着実に拡大してきた。あとは、その規模にふさわしい質をいかに高めるか、また個別分野や個々の産業の担い手の足腰をいかに強化し、その資質をいかに高めるかである。産業全体の健全化もそこにかかっているのである。

終章　共生のかたち

現代人がペットを求める理由

人間関係に悩み、疲れ、傷つき、人間不信に陥り、孤独に対する恐怖心から逃れ、心神の安らぎを得るべく、ペットをパートナーに選ぶ人がふえている。ペットを飼う多くの人は、大なり小なりペットに心の安らぎを求めている。現在のペットブームのキーワードの一つは、心の安らぎ、ないし癒しであることは明らかなのである。

ペットによって孤独に対する恐怖心から解放され、心神の安らぎを取戻し、生きる喜びと力を得ることができるとすれば、なんとも素晴しい話であり、実際、ペットにそのような効能があることは多数の指摘するところである。また、それにとどまらず、ペットを介して交友を深め、人間不信から解放された例もある。

しかし、そのような例はそう多くはない。誰もが期待できるものでもないし、それとは逆の例の方がはるかに多い。というのは、人間関係に問題を抱え、そこから逃避する形でペットを飼いはじめる人の中には、ペットを溺愛し、ペットとの世界にのめり込む人が少なくない。そのような人にとっては、ペットだけが唯一心を開くことのできる友であり、心の通い合う人生の伴侶なのであり、他の人にはますます心を開かなくなり、人間嫌いがさらに進むことになりかねない。その人にとっては、それが幸せな状態なのかも知れないが、この社会で生活している以上、他人との関係構築は不可避であり、そんな中でペットとの世界にのめり込み、人間嫌いになるのは健全なあり方ではない。

そのような場合、ペットをめぐりトラブルを起すことも少なくない。ペットを溺愛するあまり、ペットのしたいままにさせ、そのわがままが他人とのトラブルの原因になりかねないのである。そのような飼い主にかぎって、他人も自分と同じような気持ちでペットと接するべきであるという独善的な考えに陥り、それを基準にして問題の解決をはかろうとし、トラブルをますます大きくさせてしまうのである。そのような方向は、飼い主にとっても、ペットにとっても、周囲の人々にとっても、決してよいものではない。もし、飼い主が、本当にペットを大切に思うのであれば、自ら良き社会人になるとともに、ペットを社会の一員として育てるべきである。

そのために、飼い主は、自分とペットをしっかりと見つめ、それぞれの位置と役割を明確にしたうえ、自分とペットの関係のあり方と暮らしのあり方を決めなければならない。飼い主とペットの関係は、人間関係ほど複雑でないとしても、関係の保ち方を一歩間違えれば、どちらにとっても不幸な結果を招きかねないのである。既に指摘したペットロスはその典型例である。

ペットと暮らすかたち

人の利益のために社会に引き入れられたペットは、自然界から隔離された社会での生活を余儀なくされるため、独力で生活することはできず、すべてを飼い主に依存している。そのようなペットであるから、ペットの問題はすべて飼い主の問題なのである。飼い主は、そのことを銘記し、ペットが安心して暮らせる生活環境を構築するとともに、ペットが社会の一員として他人に損害や迷惑をかけることのないように、しつけや訓練をし、立派に育てなければならないのである。

飼い主が相性のよいパートナーを選ぶには、自分自身についてよく考える必要がある。そこからパートナーの絞りこみができるはずである。そのつぎに、絞りこまれたペットについてよく調べ、知識を得る必要がある。それをしてこそベスト・パートナーを得ることができるのである。その段階で調査を怠り、そのときどきの流行を追ったり、ペットショップにすすめられるままパートナーを選んだりすれば、とんでもない相手と組むはめになりかねない。それは、飼い主のみならず、ペットにとっても大きな不幸につながる。ペットの飼育禁止の集合住宅など、場合によっては手離さなければならない事態さえ予想できるのである。飼い主にとっては自業自得といえるとしても、ペットにはなんの責任もない。飼い主の出発点での無思慮によるそのような不幸は、なんとしても回避しなければならない。

そのうえで、飼い主は、生活の中でのペットの位置と、それをふまえた生活設計を立てなければならない。そんなに大げさなものではないだろうと言う人がいるかも知れないが、社会がペットに対して閉鎖的で、ペットの飼い主支援のシステムが整備されていないわが国においては、ペットを飼うことはある意味では子供以上に制約が多く、生活が制約されることになりかねない。

しかも、ペットの世界でも、人以上に急速に長寿化、高齢化が進んでおり、以前ならば犬や猫の寿命は一〇年などと言われていたが、今は一五年以上生きるものが少なくないのである。

ただ、ペットの社会への受入れと、飼い主支援の社会システム整備については、状況に変化の兆しが見られる。飼い主の声に耳をかたむけ、内容によって対応を決めようという姿勢が社会の側に見られるようになり、その傾向は今後も強まるものと考えられる。必要なのは、正しいと思えば声をあげ続けることである。

ペットとの暮らしのあり方を考えるうえで今一つ重要なのは、飼い主が、ペットに対する愛情を上すべりさせるのでなく、ペットと飼い主にとって良い状況をつくりだすために、愛情を糧にすることである。そうでなければ、愛情がペット産業のくいものにされるだけで、ペットにとっても、飼い主にとっても、決して良い状況はつくり出せない。ペット産業との関係でも、社会システムとの関係でも、厳しい選択眼を持った飼い主、健全な社会を築きうる姿勢と力を持った飼い主になることが必要なのである。

個々の飼い主の知識や経験が、飼い主全体の共通の財産と力になりうるような社会システムを構築することも重要である。それに成功するのでなければ、日本の飼い主の立場は、行政、ペット産業、獣医師会などとの関係で、常に弱い立場に立たされ続ける。そして、従来型の動物愛護団体が社会に根を張り切れない最大の原因も、この問題に真正面から取組んでいないところにある。

現在の多くの動物愛護団体の活動は、虐待など個別の事態への対応が中心になりがちで、

あひる，がちょう，野うさぎ，にわとりを見せ物にした小さなペット産業
（ドイツ，ミュンヘンの国立歌劇場前にて）

バイエルンの民族衣裳を身に着けた男性の肩には野うさぎが，そして，前にはあひるとがちょうが，後ではにわとりがコケコッコーとやっている。ミュンヘンでも極めて珍しい光景で，さすがのミュンヘン人も驚いていた。展示動物に対して強い規制のあるヨーロッパでも，ここまでは規制の対象とされていないらしい。

賢明な飼い主の育成という視点から活動するところはほとんどない。それに対するきっちりした対応ができていないから、個別の対応に追われ、多くの飼い主との連帯が不足してしまうのである。今、動物愛護団体の最大の問題は、市民とのコミュニケーションの構築である。コミュニケーションを密にすれば、賢明な飼い主は育ってくる。そこから資金の問題も人材の問題も解決の目途が立つのである。

社会がペットを受け入れるかたち

これまでのわが国は、「前例」という経験が過度に尊重され、人の和を尊ぶあまり徹底的に議論することを避け、根まわしを通じて全員一致で物事を進める風潮があった。変化が緩やかで、利害の対立が小さい場合には、そのような手法はうまく機能するが、変化が急激で、利害の対立が大きい場合にはうまく機能しない。

前例がなく、結論によって利害関係が大きく異なるとなると、全員一致など望むべくもなく、これまでの手法では結論を先送りせざるを得ないのである。そのようにして残された重要課題が山積しているというのが、現在のわが国の姿である。

これはペットの問題にもそのまま当てはまる。ペットをめぐる個人レベルの変化が社会レベルの変化に繋がらず、ペットに対し閉鎖的な状態が続いているのは、ペットは不潔で不衛生で危険といった、ペットに対する偏見や、そのようなペットから社会を守らなければならないという安全性確保に対する過剰なまでの反応に加え、改革のハードルを高くし、結果的に現状を維持してきたわが国の社会システムのあり方によるところが大きいのである。

しかし、注意深く観察すると、さまざまなところで変化の兆しが見られる。最近の政治の世界での改革に対する国民の期待の強さからもわかるように、変革に対する理屈抜きの消極姿勢が後退し、期待さえ持たれつつある。現在の状況は、これまでの反動で、多少逆方向に振れ過ぎの観は否めないが、早晩、変革か現状維持かを、先入観なく合理的に考えて判断するという正常な状態に向かうと考えられる。そのようなことから考えると、改革のハードルは、ペットの問題をも含め、現在より低くなるはずである。

つぎに、ペットの数が増え、ペットについての情報や知識を得るにつれ、理屈抜きのペットアレルギーという人が減少し、逆に、ペット好きが増えている。二〇〇〇年の総理府の調査でペット好きが六八％にまで達していることも注目に値する。この数字を見る限り、ペットに対して閉鎖的な現在の社会システムの中で、合理的でないものや、妥当性を欠くようなものについては、見直しを迫られるはずである。

さらに、ペットと一線が画されなければならないとしても、盲導犬に続き、介助犬や聴導犬が徐々に社会に受け入れられつつあることにも注意しなければならない。それらのアシスタント・ドッグの進出は、従来、ペットに対する閉鎖性の象徴とされてきた場所や場合にまでおよび、そこに風穴をあける役割を果たしているのである。また、よくしつけられ、しっかりと訓練された犬は、他人になんの迷惑もかけないし、損害も与えないことを社会に強く印象付けるのである。

他人に迷惑をかけたり損害を与えないようによくしつけられ、しっかりと訓練されている犬は、アシスタント・ドッグに限らず、ペットの中にも非常に多い。そのことは欧米の例を見るまでもなく明白である。新たな社会システムの検討と実際の構築は、そこから出発しなければならない。

そして、なにごとにつけ「誰かがしてくれる」という人任せの姿勢では、決して改革のエネルギーは生まれないし、諸外国の制度など、吟味なしに他に改革の範を求める安易な姿勢は捨てなければならない。それぞれが社会における役割をしっかり認識し、自分でで

仕事を終え，一服する牧羊犬
（イタリア，フィレンツェ郊外の知人の山荘にて）

世界的な名ピアニスト・ブレンデル氏の義母の山荘であるが，朝，カウベルの音で目をさますと羊の群がいた。その羊達を引率していたのがこの牧羊犬である。ヨーロッパの人と動物の関係の深さを肌身で感じた。

きることは自分で実行し、他によい制度があれば、導入の可能性を吟味・検討する姿勢が必要である。

誰がすべきかについての注意点は、現在の財政状況からすると、予算措置の必要なものについて、行政に多くを望めないことである。事態の推移によっては、税の公平負担との関係で、ドイツの犬税に相当するペット税の導入案さえ浮上しかねない。そのようなことを考えると、まずペットの飼い主が、自分でできることは自分でするという姿勢を持たなければならない。最も重要なことは、ペットのしつけや訓練、ペットの手入れなど、飼い主のマナー向上である。

飼い主の中には、動物愛護のボランティア活動をする人も少なくないが、なによりも大切で効果的なのは、飼い主たる範を示すことである。飼い主の多くがそのような姿勢を持てば、それだけでも状況は大きく変わる。改革の主役は、国民であり、飼い主なのである。

ペットについていえば、まず、飼い主が、ペットも社会の一員という意識を持ち、しつけや訓練によって社会性を身につけさせなければならない。そして、ペットに対し愛情をもって世話をし、ペットに不足している部分を飼い主のマナーや心遣いによって補う。それだけでも、ペットが原因で他人に迷惑をかけたり損害を与えたりすることはほとんどなくなるだろう。

自由主義の国では、法律で制限・禁止されていない限り、各自の判断で自由に行動ができる。ペットの飼育も、基本的に個人が自由に決められる事柄である。

欧米先進国では、そのような考え方に立脚し、社会が広くペットを受け入れている。それに対し、わが国では、法律でほとんど制限・禁止がされていないのに、社会はペットに対し非常に閉鎖的である。これは、法律による規制ではないが、契約や規約といった名前を借用した私的な規制なのである。そして、ペットの問題に限らず何事につけ規制に慣れてきた多くの人々は、行動の自由の制限に対する抵抗感がまひし、飼い主さえもがその閉鎖性に対し、なんとも思わなくなっているのである。自由主義の本来の形である、飼い主の自己責任を基礎とする、ペットに開かれた社会を実現するためには、社会の側の意識改革と構造改革が必要なのである。

意識改革については、ペットを単に飼い主個人のものではなく、同時に社会的存在ととらえ、ペットと飼い主だけで解決できる問題は別にして、社会全体で取り組むという意識をもつことが求められる。その前提として、ペットを飼っているかいないか、好きか嫌いか、興味があるかないかといった立場の違いを超えて、ペットを知り理解することが求められるのである。

構造改革について言えば、ペットをめぐる現在の諸状況からすると、ペットを社会から排除する姿勢を取り続けることは、もはや現在の状況に合わなくなっている。原則としてペットを受け入れる社会システムに変革するのが合理的であり、妥当である。それが自由主義本来の姿なのである。

ペットに開かれた社会が実現すれば、これまで行動が制限され、不便な思いをしていた飼い主にとっては、行動の可能性が大きく広がり、便利になる。たとえば、犬の散歩のついでに買物をし、レストランでの食事をすることもできるのである。また、自動車の運転免許を持っていない人でも、公共交通機関を利用して簡単に動物病院に行くこともできる。しかし、ペットを飼っていない人、特にペットの嫌いな人にとってはいろいろと不安があろう。当然、ペットと接する機会は、これまで以上に多くなるはずである。道を歩いているとき、突然犬に吠えられないか、飛びつかれないか、咬みつかれないか、犬から病気を移されないか、そんな心配が先に立ち、外出を控えようと思う人もいるかもしれない。

どうしても必要な場合は別にして、人混みは避ける。このことは、欧米の都市を見れば明らかである。加えて、自己責任の徹底により、飼い主のマナーも、ペットのしつけも格段に良くなり、近隣トラブルを含め、トラブルはむしろ、社会への受入れが進んでいない場合に比べて減少する。それが成熟社会なのだ。そのことは、ペットを原則的に社会が受入れている欧米社会の現状を見れば明らかである。

そうであるにもかかわらず、わが国においては「排除政策」や「隔離政策」と言える程の明確な考えや方針もないまま、ペットに対する社会の閉鎖性は続いている。しかし、ペットの数の増加や、愛玩動物から「人生の伴侶」や「家族の一員」へという、人とペットの関係の変化など、個人レベルでは大きな変革が進んでいる。ペットに対する閉鎖性も、あちこちにほころびが生じてきた。

ペット飼育を認める分譲マンションや賃貸住宅は随分多くなり、それだけではニュースにもならなくなった。ペットの同伴を認めるホテル、レストラン、喫茶店、その他の店舗も急速に増え、それらを紹介する本のボリュームは、それまでのものに比べ倍増した。また、ドッグラン、ペットの医療保険など、飼い主を支援するための社会資本や社会システムも、不十分ではあるが充実の方向に進みつつある。

飼い主の支援という点では、地域に根づき成長しつつある非営利組織の活動も重要である。動物愛護思想の啓発と普及、人と動物の共生の必要性に対する理解の促進、といった社会全般にわたる活動に加え、ペットのしつけ、飼い主のマナーの向上、飼い主の相談に対する応接など、期待される役割は大きい。

さらに、これまで業界としての取り組みの遅れていたペットショップ業界でも、業界団体と呼び得るものが現れ、ペットショップそのものの健全性確保や販売員の資質向上を目的とする諸事業を行うことをうたっている。

そのような直接的な動きに加え、間接的な動きも見られる。法律を中心に、人とペットの共生のための社会システム整備を、学問的にサポートすべく設立された「ペット法学会」や、人と動物の関係を明らかにすることにより、共生の学問的前提を整えようとする「ヒトと動物の関係学会」の活動は、長期的に見れば、ペットに対して開かれた社会をつくるのに貢献するはずである。国会議員や関係官庁の担当者も、動物愛護管理法の五年後の見直しに備え、既に勉強を進めており、見直しが実質的なものになる可能性も出てきた。改革の足音は確実に大きくなっているのである。

この足音をそれだけで終わらせるのでなく、足音の本体を明確にし、それを社会にしっかりと定着させなければならない。そのために知恵を出し合うことも必要であるが、その知恵を社会に役立てるための行動が今や重要になりつつある。

動物保護施設の付属の動物墓地

（ドイツ，ベルリンのランクヴィッツ動物保護施設の新施設）

ペットの葬儀や墓地も，新しいペット産業として新たな事業主体がつぎつぎに登場している分野である。ドイツでは，動物の焼却が基本的に認められていないので，そのまま埋葬される。10年，20年後になっても，ペットというわが子を偲び，花をたむける遺族は少なくない。

あとがき

飼い主にとって、ペットは、人生の伴侶や家族の一員として非常に大切な存在になっている。しかし、社会は、ペットに対して門戸を開こうとせず、ペットに対してまだまだ閉鎖的である。その主要な原因は、飼い主も、社会も、ペットを社会の一員と考えていないところにある。飼い主は、可愛い、可愛いと、ただ猫可愛がりし、愛情を上滑りさせるだけで、ペットをよく理解し、家族の一員、社会の一員として暮らしていけるように育てていない。特に「社会の一員」ということになると、視点そのものが、ほぼ完全に欠落している。また、社会の側も、ペットを飼う飼わない、大切かどうかといったことは、純粋に個人的な問題であり、それによって社会が影響を受けることはないと考えている。つまり、社会の側も、飼い主と同様に、ペットを社会の一員とは考えていないのである。今、社会が抱えているペットに関する問題の多くは、そのような視点の欠落が原因で生じているのであり、問題の解決を遅らせている原因もそこにある。

筆者は、かねてよりこのように考え、ペットに関する種々の問題の解決をはかるべく、「ペット法学会」設立に際し中心的な役割を果たし、日本の大学では初めての「ペットの法律」に関する講義を担当し、『ペットの法律全書』（共著・有斐閣）や『ペットの法律案内』（黙出版）といった単行本を出版するなど、主として法律の側面から活動を続けてきたが、それだけでは限界があることを強く感じていた。法律は、国や社会の枠組を築き、そこで生活をする人々の行動を規制する重要な社会システムではあるが、それだけでは必ずしも十分な効果を発揮せず、期待通りの効果を発揮するためには、他の社会システムとの連携や役割分担が不可欠なのである。

そのようなところから、筆者の関心は、単に法律だけにとどまらず、ペットをめぐる社会システム全般に向かっていった。現在も続いている月刊誌『愛犬の友』の「ペット法学者からの提案」や「Cats—キャッツ」の「好猫庵先生の言いたい法題」といった連載も、読売新聞の「ヒトとペットの共生①〜⑧」、サンケイスポーツの「犬も歩けば法に当たる①〜⑫」、産経新聞の「ペットと共に①〜⑳」といった新聞の連載も、そのような関心に沿って執筆したものである。特に産経新聞の連載は、毎回一五〇〇字以上という新聞紙上としては非常に大きな紙面の提供を受け、回数も二〇回に及んだので、かなり幅広く問題に取組むことができた。ただ、それでも、問題の掘下げという点では、多少の心残りもあった。そのようなところから、活字の形では最も制約の少ない単行本の刊行を考えていた。

ところで、本書の出版の足掛りは、一九九九年一月九日に既にできていた。当時、関西学術研究都市の中核研究組織、京都府木津町にある国際高等研究所の研究プロジェクト「人類の自己家畜化現象と現代文明」に参加し、「ペットと現代社会」というテーマについて研究を進めていた。全体の研究が最終段階に入ったとき、プロジェクトの研究成果を図書出版と講演会という形で公表しようということになり、東京の学士会館で講演会が開催された。当日は風邪で四〇度近い熱を押しての登壇になったが、どういうわけか、講演後の質問が筆者に集中した。その様子から、プロジェクトの図書出版の編集を担当しておられた人文書院の落合祥堯さんが、今これだけ社会の注目度の高いペットの問題についての単行本を書いてほしいと依頼してこられたのである。

先にも触れたように、筆者自身も、そろそろ専門の法律の枠を超えてペットの問題を考えたいという希望を持っていたので、基本的にそれをお引受けした。気持の上では、かなり優先順位の高い仕事ではあったが、いかんせん多忙を極める筆者にとって、単行本の執筆は大きな負担である。新聞や雑誌の単発・連載の原稿執筆を通じ、本書で扱っている問題やその周辺の問題に対する知識はさらに深まり、問題意識もさらに鮮明になってきた。また、昨年来の三度にわたるこの問題についての調査旅行で、海外の諸事情も、かなりの程度把握できた。今が潮時とばかり一気に執筆してできあがったのが本書である。

そのように書くと、本書はいとも簡単に完成したように見えるが、決してそうではない。それどころか、もう二年も前から書き始めていたのであるが、容易に軌道に乗らなかった。少し書いては気に入らなくて没にする。また、少し書いては没にする、という状態が続いた。もう後がないどうしようもない状態と、一気に執筆できる諸条件がたまたま重なっただけのことであり、そこで清水の舞台から飛びおりる気持で脱稿して出来上ったのが本書なのである。その点で、もし、執筆の苦労に比例して内容が良くなるものであるとすれば、本書は、かなりの数にのぼる筆者の出版物の中で、内容の最も充実したものになっているはずである。

本書の基本視点は、既に触れたところからも明らかなように、私の造語である「ペットは社会の一員」との認識を社会に定着させ、ペットとその飼い主にとってだけでなく、社会全体にとって今以上に満足のいく共生のかたちがあることを、諸外国のシステムなどをも引合いに出して実証し、それに基づき、わが国における人とペットの共生のあり方を提案しようというものである。

勿論、人の心の問題や社会の多様な問題に深く根ざす、人とペットの共生にかかわる問題一つ一つを科学的に実証することは不可能であるが、多くの人にある程度納得してもらえるようには説明できたものと思っている。そして、このテーマについての旗振役として、本書が、今後の議論のたたき台になることを願っている。その点で、できるだけ多くの人に本書が読まれ、引合いに出されることを期待している。そうでなければ、この問題が前に進まないからである。

なお、本書が完成するまでには、さまざまな人のお世話になった。海外の調査旅行に際しては、日本貿易振興会（ジェトロ）本部や海外事務所の方々に大変お世話になった。また、資料収集に際しても多数の人のお世話になった。さらに、人文書院の落合祥堯さんには、本書刊行に至るまで、随分長期間にわたり叱咤激励していただいた。それらの人に心から感謝したい。

二〇〇一年八月

京都東山の寓居にて

吉田眞澄

吉田眞澄（よしだ・ますみ）
ペット法学会副理事長，元同志社大学教授。
1945年，京都市生まれ。同志社大学大学院法学研究科修士課程修了。1998年，「ペット法学会」を設立，事務局長を勤める。2000年，同志社大学を退職後は，これまでの知識を実務家として社会に生かすべく、また，人とペットの共生社会を実現させるべく，幅広い活躍をしている。
〔主な著作〕
『ペットの法律案内』（2000年，黙出版）
『ペットの法律全書』（1997年，有斐閣，共著）
『現代民事法案内』（1996年，有斐閣）
『21世紀の法と社会』（1997年，八千代出版，編著）
『ペット六法』（誠文堂新光社）を編集代表として準備中。

ペットと暮らす
共生のかたち

二〇〇一年九月二〇日　初版第一刷印刷
二〇〇一年九月三〇日　初版第一刷発行
著　者　吉田眞澄
発行者　渡辺睦久
発行所　人文書院
京都市伏見区竹田西内畑町九
（612・8447）
電話〇七五・六〇三・一三四四
振替〇一〇〇〇・八・一一〇三
印刷　内外印刷株式会社
製本　坂井製本所

ISBN 4-409-85001-6　C0076